フィールドの生物学―㉕

揺れうごく鳥と樹々のつながり

裏庭と書庫からはじめる生態学

吉川徹朗著

東海大学出版部

Discoveries in Field Work No.25
Fluctuating interactions between birds and trees:
Ecology beginning at backyards and libraries

by Tetsuro YOSHIKAWA
Tokai University Press, 2019
Printed in Japan
ISBN978-4-486-02160-5

口絵 1
京都大学理学部附属植物園の初夏．写真提供：井鷺裕司氏．

口絵 2　イカルの群れ．写真提供：小野安行氏．

口絵 3　理学部生物科学図書室の書庫のようす．

口絵 4　さまざまな液果を食べる鳥，ヒヨドリ
写真提供：北村俊平氏．

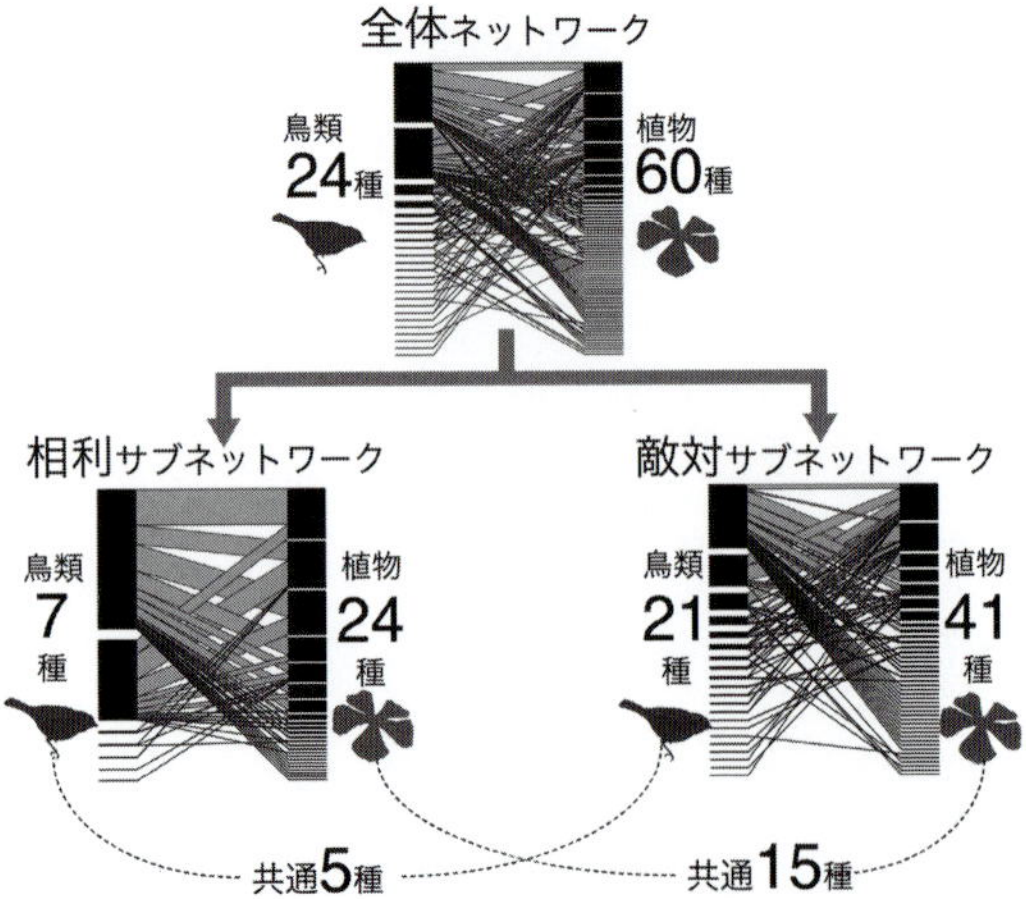

口絵6　鳥と花のあいだに見られる複雑なネットワーク.
Yoshikawa and Isagi (2014a) のグラフを改変.

口絵5　ヤブツバキの花を吸蜜するメジロ.
写真提供：服部正道氏.

口絵8　樹木の種子を割るヤマガラ. 写真提供：小野安行氏.

口絵7　猛毒をもつシキミの果実.
Yoshikawa et al. (2018) を改変.

口絵9　シキミ種子をくわえて運ぶヒメネズミ.
Yoshikawa et al. (2018) を改変.

はじめに

冷え渡った晩秋の朝、一羽の鳥が梢にやってくる。彼の目当ては、朝露に濡れた果実だ。すばやい動きで果実をついばみ、つぎつぎに呑みこんでいく。やがて考え深げに一瞬空を見上げたかと思うと、突然飛び立って森の奥に消えていく。ほんの十数秒の出来事だ。

あるいは冬の寒さが厳しくなった時分、何十、何百という鳥たちが、樹木に一斉に集まってくることもある。彼らはうるさく騒ぎ立てながら梢に群がり、わずかに残る果実を貪っている。見る見るうちに果実の数は少なくなっていく。

あるいは春先に開きはじめたサクラの樹々を見てみよう。枝先の花の中に埋もれている、さまざまな鳥たちが見つかるかもしれない。くちばしを花に差し入れては一瞬で移動していく鳥もいれば、のどかな日差しの中で長居をする鳥もいる。

こうした風景は私たちのそばで日々繰り返される、ありふれたものだ。だれもが一度は目にしたことがあるだろう。だがこのような鳥たちの些細な振る舞いが、植物の生活に欠かせないものであることに、気づく人は少ないかもしれない。動物は果実を食べることで種子を運び、花蜜を吸うことで花粉を届ける。このように種子や花粉が母樹から離れた場所に運ばれていくということが、植物が繁栄するうえで、なくてはならないプロセスである。そして多くの場合、このプロセスを動かしているのが動物たちの存在であり、そのなかでも重要な働きをしているのが鳥たちである。彼らが存在しなければ、植物の生活を支えるプロセスは動きを止めてしまう。だが鳥たちの役割はそうしたポジティブなものばかりではない。植物が子孫を残すのを妨げ、逆の意味で植物繁殖に影響を与える鳥たちもいる。このように両者の関係はじつは複雑である。

本書では、私がこれまでおこなった研究を起点として、鳥と植物との関わりあい、相互作用の多様なあり方を紹介したいと思う。自然の中では鳥と植物の小さな関わりが積み重なり、さまざまな生態的プロセスを静かに動かしている。この隠れたダイナミズムの一端を描くことが本書の目的である。さらに視点をすこし変えて、多様な種が織りなす生態系に目を向けると、そこには鳥と植物がつながるネットワークが見えてくる。自然のなかに隠れたその構造の魅力と、それが見えてくるときの眩暈《めまい》のような感覚を共有できたらと思う。

鳥と植物との関わりは身近にありふれている。だがそれは、うまく捉えることがなかなか難しいものでもある。鳥たちが担っている役割、とくに植物の種子散布という働きもまた、さまざまな偶然に左右され、把握することも予測することもいまだ難しいプロセスである。これまで世界中の研究者はさまざまな手法を編み出して、これらを解明しようとしてきた。ある人は果実をつけた樹木を長時間観察し、ある人はそこに来る鳥を捕まえ、またある人は鳥が運んだ種子を採取しようとして、森の中の至るところに布袋を掛ける。そんな風にして、鳥が植物に対して果たす多様な役割を捉えようとする努力が長年続けられてきた。

近頃では、最新の化学分析やＤＮＡ分析を駆使して、これらの関係に迫ろうとする新たなアプローチも生まれている。

研究者たちは世界のさまざまな場所で、鳥類と植物との関係を追いかけている。樹高数十メートルに達する熱帯雨林から亜寒帯のツンドラ地帯まで、地中海沿岸の半砂漠地帯から樹木の生えない高山帯まで、ありとあらゆるところで調査をしてきた。そうやって鳥と植物がどのように関係しているのかを世界中で明らかにしてきたのだ。そんななか私も同様に、いろいろな場所で調査をおこなってきた。それはもちろんふつうの森林のフィールドも含んでいるけれども、それだけではなく、あまり人が調査しない、すこし変わった場所も研究の舞台になった。それがこの本の副題にある、「裏庭」と「書庫」である。この本では、そんなちょっと変わった場所ではじまる生態学の研究にスポットライトを当てたいと思う。

まずは「裏庭」という言葉から。この言葉が指しているのは、とても身近でローカルな場所のことである。私たちのそばにある、なんの変哲もない小さな自然。人跡未踏の極地や熱帯雨林や海洋島とはちがって、すごく珍しい生き物に出会えるというわけではない。だが目を凝らしさえすればそこにも、魅惑的な生物があり、彼らがつくりだす豊かな関係性が潜んでいることがわかる。通い続けているうちに、それがだんだん見えてくる。大学院に進んだ私はひょんなことから、そんな「裏庭」の一つで鳥と樹木の意外な関係に出会い、研究をはじめることになった。こうして大学院時代の数年間、そこに通いつめるなかで、生物のいろいろな姿を見聞きし、いろいろな謎に触れることができた。

もう一つの研究の舞台が「書庫」である。「書庫」という言葉が、生態学の分野で出てくるのは意外に思われるかもしれない。ふつう生態学の研究は野外のフィールドでおこなうものだと考えられているからだ。もちろん野外調査は生態学の基本である。だがその一方で文献や資料、標本、観察記録というかたちで記録されているものも、生態学研究にとって欠かせない存在である。だからこの「書庫」という言葉は、こういった過去からの知見を蓄える場所、アーカイブを総称するものとして広く捉えてほしい。これら科学的・文化的な遺産ともいうべきものから、データを発掘し整理し分析する、そのことで生き物の生態や関係性を明らかにする。そうしたアプローチも生態学のなかで重要な位置を占めている。

裏庭と書庫。どちらもある程度私たちの身近にある場所であり、あまりめだたない場所である。どちらもある種の狭さをもった、限定された世界にすぎないのは確かである。けれどもこうした身近な場所でも、好奇心を刺激する発見があり、興味を掻き立てる謎があり、それを解き明かす楽しみがある。大学の研究室のすぐそばにある「裏庭」で調査をはじめた私は、そんな発見と謎解きに導かれることで、研究を続けることができた。もちろん身近な場所を出て、遠く離れた海外のフィールドで研究することはすごく刺激的である。図鑑でしか目にすることがないかっこいい生物や珍しい生物を追いかけるのも魅力的だ。ふだんの環境から離れることで新たな視界が開けることも多い。だが同時に、私たちの近くの場所にも意外な発見はいくらでも転がっていて、そこからさまざまな謎解きをはじめることができる。「裏庭」に通うなかで見たり聞いたりする生き物たちの雑多な姿が、私にとっては研究の原点になった。

同じような発見と謎解きは、「書庫」の世界でも経験することができる。埃をかぶったような文献や標本やデータを調べるのは退屈で、あまりクリエイティブな仕事ではないと思うかもしれない。けれどもけっしてそんなことはなく、こうしたアーカイブを掘り下げるなかにも思いがけない発見があり、そこからはじまる謎解きがある。「書物の森」や「資料の森」は、現実の森と同じように発見に満ちている。

そのような「裏庭」と「書庫」で目にした、鳥と植物とめぐる風景を紹介しながら、そこで研究をおこなうことの魅力や可能性を伝えられたらと願っている。

目次

第5章　シキミをめぐる冒険 ―猛毒種子の散布から見えてきたもの

第1章
研究をはじめるまで

研究をはじめるまで

私は生態学の研究をはじめるまで、かなりの回り道をしてきた。普通とはすこしちがったルートを迷走した末に、ようやく研究をはじめることになった。

幼い頃からさまざまなものに熱中する性分だった。鉱物、鉄道、地図と、その対象はさまざまに変化したが、つねに生き物はその中心にあった。最初は昆虫が好きになった。生まれ育ったのが京都の街中だったので、いつも昆虫採集ができる環境ではなかったけれども、その分だけ図鑑を読むことにのめり込んだ。時折祖父に山に連れて行ってもらえると、夢中でカブトムシやクワガタを捕まえていた。中学生になってからは野鳥に関心をもつようになる。親に買ってもらった小さな双眼鏡をもって、近所にある公園で観察をはじめた。最初は一人で鳥を見ていたが、そのうちバードウォッチングをしている人たちと知り合い益々のめりこんでいった。さらに中学校で入った部活が自然観察や科学実験をおこなうところで、その顧問の先生や友達の影響もあって、興味の対象が植物にも広がるようになる。休日には鳥や植物を探しに、友達と連れ立って遠出することも多くなった。

この頃から、将来は動物か植物の生態学の研究をしたいと思い、理学部か農学部に進学することを考えはじめた。この頃鳥類学者の小西正一先生（当時カリフォルニア工科大学）の著書『小鳥はなぜ歌うのか』（小西、一九九四）を読んで、その母校である北海道大学なら鳥が研究できるのではと、漠然と考えていたと思う。そのため高校に入ると大学受験に向けた勉強をはじめた。

そのまま順調に進学していれば、生態学の分野にストレートに進んでいたと思う。だがそうはならず、ここから私は大きく迷走することになった。生き物が好きなのは変わらなかったが、受験勉強をするうちに人文系の学問に惹かれるようになる。今となっては理由を説明しづらいが、論理とか思考のあり方といったものに関心が向くようになり、また音楽や美術にはまり込んだことも一因だった。迷いに迷ったすえ、高校三年で文系の分野に転向した。結局進学したのは、東京都八王子市にある東京都立大学（現・首都大学東京）の人文学部。この新しい環境は新鮮だったし、授業もおもしろかったし、登山サークルに入って奥多摩や八ヶ岳に行くのも楽しかった。サークルに入り浸って半分部室に住みついたりした生活もよかった。

だが学年が上がり哲学科の専門課程に進むうちに、またもや進路に迷うことになった。講義やセミナーは確かにおもしろいのだが、やっていることと自分の関心の方向にズレを感じるようになった。またセミナーで難解なテキストを読んだり、レポートを書いたりすることも苦手で遅く、この分野で研究を続けていく才能があるとは思えない。セミナーでは何度かひどい発表をしてしまったことがある。ここまで来て、進路を間違ってしまったのではないかという考えが頭をよぎるようになった。

もう一度生態学を志す

そんな風に思い悩むうちに、一度は諦めた生態学、とくに鳥類や植物の生態学をやりたいという気持ちが戻ってきた。そこで、進路をどうするかはとりあえず脇に置いて、本を読んだりして、自分の関心のあることを手探りしはじめた。幸運だったのは、東京都立大学では他学部の授業を取ることができ、理学部で開講されていた生態学や科学英語のクラスも自由に受講できたことである。見ず知らずの一・二年生に混じって授業を受けることに戸惑いもしたが、こんなふうにして生態学や森林科学について少しずつ勉強をはじめた。人文学部のセミナーに出席して原書講読をするかたわら、まったく別の分野の勉強もする日々が続いた。

そのうちに今後の進学先も検討しはじめた。最初は都立大の理学部へ転学することも頭をよぎったが、やがて地元の関西の大学、とくに生態学研究で有名な京都大学の大学院を考えるようになった。当時から森林に興味があった私は、京大農学部に森林科学科があることを知っていたからだ。だが実際そこにどんな研究室があり、どんな研究者がいて、どんな研究がおこなわれているのか、しっかりと理解はしていなかった。当時はパソコンに触った経験さえほとんどなく、インターネットで研究室を調べるという考えも浮かばなかったのだ。それに文系の学部から理系の大学院に進むなんてことがほんとうに可能なのか、それもよくわからない。

そんな状況で思いついたのが研究室訪問である。いや、「無謀な」研究室訪問である。四年生になる少し前に、京大の北部キャンパスで実地に研究室を探すことにしたのだ。目当ての研究室もなく、アポイントメントもなしに、である。研究室の探し方はこんな風だった。まず農学部の建物のなかをめぐって、廊下に並ぶ部屋に目を留め、ドアの横の研究室名をチェックする。そして「森林」とか「生態」とか「動物」

とかの文字を探した。部屋の前に貼ってあるポスターなんかも見て、研究室の雰囲気とかオーラとかを感じとったりもした。そんな風にしてしばらく廊下を行ったり来たりして、ようやくある研究室に見当をつけた。何度も躊躇した挙句、ドアを思い切ってノックした。それが森林科学専攻の森林育成学研究室というところだった。やがてドアが開き大学院生の女性が部屋の中に招き入れてくれた。緊張しながら自己紹介して来意を告げると、部屋にいる何人かの院生の方が対応してくださった。私は自分の関心を持っていることや、大学院進学を考えていることを話した。その中にいらした、当時博士課程の平山貴美子さん(現・京都府立大学)がいろいろなことを教えてくださった。

平山さん曰く、私が関心をもっているテーマは、同じ森林科学科の森林生物学研究室の教授である菊沢喜八郎先生が研究しているという。本もいろいろ書かれているらしい。また大学院の入試は英語の読み書きと専門分野の論述があるが、英語の配点が大きいので文系の学生でも頑張ればどうにかなるかもしれない、ということだった。私にもチャンスがあるかもしれない。そのあと平山さんは森林生物学研究室の部屋まで案内してくださった。あいにく菊沢先生は不在だったが、部屋には研究員の方が何人かおられ、学生や院生が研究していることや大学院試験のようすについて教えてもらうことができた。

こんな風にして、最初で最後の「研究室訪問」は終わった。今考えてみるとすごく非常識である。思い出すだけで恥ずかしい。学生の方は是非、きちんとした下調べをしてから研究室選びをすることをお勧めする。それにしてもアポイントメントもなく突然押しかけた無知な学生に、丁寧に対応してくださった平山さんや院生の方々には感謝しかない。早速、教えていただいた菊沢先生の著書を買って勉強をはじめ、この本を糸口として別の本や論文を読みすすめることができ、分野の全体がすこし見渡せるようになった。こうした経緯で森林生物学研究室をめざすことにした。

そこで四年生の夏、大学院入試にのぞんだ。入試試験は英語が大事だという平山さんのアドバイスに従って、英語を重点的に勉強してきた。いちおう文系の私なら、英語の読み書きは何とかなるのではないか。そう考えて試験を受けたのだが、結果は不合格。やはり勉強が足りなかったようだ。そこでこの年は卒業論文を書いて学部を卒業することに専念し、卒業後あらためて研究室の門を叩くことにした。

研究室に入ってから

翌春から京都に戻り、森林生物学研究室の研究生という立場で、籍を置かせてもらえることになった。右も左もわからないまま、この一年間、いわば見習いとしてテーマを決め、調査計画を立て、研究を立ちあげていくのである。当時の研究室は教員が三人。教授の菊沢さんが研究しているのは植物の葉の動態、講師の高柳　敦先生は大型哺乳類の生態や防除、助手の山崎理正先生は植食性昆虫の生態だった。研究対象も研究テーマもみなバラバラである。そのため学生や院生の扱っているテーマも幅広く、樹木の光合成から、ツキノワグマの樹皮剝ぎ行動、ニホンジカによる樹木の食害、キクイムシの穿孔木選択まで多岐にわたっていた。研究室の名称どおり、「森林」の「生物」であればなんでもいい、という感じである。とても鷹揚である。中には植物の花粉媒介や種子散布のテーマで研究をしている人もいて、自分の研究計画についてアドバイスをもらうこともできた。また正式な野外調査経験のない私にとって、先輩たちの調査の手伝いをすることは貴重な勉強の機会だった。実際の現場に触れることで、どんなふうに調査をやっていくのか、すこしずつイメージがつかめてきた。もっとも、自分が手伝った作業というのは、複雑に絡み合ったヤマノイモの蔓を一日中ほどき続けたり、森の中でムササビの糞を探しまわったりするような、謎の調査ばかりだったけれども、いろんな経験ができて楽しかった。

研究するのは鳥か植物のどちらかがいい。どちらも研究できるなら、さらに理想的だ。そんな漠然とした方向性で研究テーマを練るうちに、植物の種子散布をやるのがいいのではないかと思いいたった。なぜなら種子散布のプロセスには鳥類が深く関わっていて、植物と鳥をいっしょに研究できそうだからだ。そこで早速、本や論文を調べはじめた。さいわい菊沢さんが著した『植物の繁殖生態学』（蒼樹書房）（菊沢、一九九五）や、立教大学の上田恵介先生らによる『種子散布　助けあいの進化論Ⅰ・Ⅱ』（築地書館）（上田、一九九九ａｂ）といった日本語の関連書籍もあり、これらを導きの糸にして勉強を進めることができた。

さらにこれは少し後のことになるが、当時開催されていた「種子散布研究会」に参加できたのも、私にとって大きな経験だった。これは森林総合研究所の安田雅俊さんや（当時）日本野鳥の会の福井晶子さんを中心とした研究者が、年に一度開催されていた研究会である。参加者はたしか数十人から百人ほどで、規模はそれほど大きくない。けれども、こういう小さな研究会には少数の研究者と知り合い、研究の話を詳しく聞けるという利点があった。この研究会には北村俊平さん（現・石川県立大学）や阿部晴恵さん

（現・新潟大学）をはじめとして、現在日本で種子散布を研究している中核の方々がたくさん参加されていた。学生から大御所まで幅広い研究者が参加し、いろいろな研究者の話を聞くことができた。研究をはじめてすぐの頃に、こうしたサロン的な場に参加できたのは貴重な体験だったと思う。もし学生さんの中に、自分と同じテーマで研究をしている人が身近にいない方がいれば、ぜひこういう場所を見つけてほしいと思う。今から振り返ると、現在活躍している種子散布研究者の多くは、この研究会の恩恵をうけているように思える。当時大学院生として参加していたメンバーとのつながりは今も続いている。

このような紆余曲折を経てようやく、研究室に籍を得て、生態学の研究のとば口に立つことができた。だがこの時の私は明らかに調査経験や生態学の基礎知識が足りていなかった。この後も迷走は続いた。

第2章

京大北部キャンパスの裏庭、理学部植物園

種子を壊す鳥イカルを追う

写真提供：井鷺裕司氏

種子散布者としての鳥類

ようやく研究室にデスクをもらって、種子散布を研究テーマにすることに決めた。鳥と植物との関係を調べるのだ。けれども実際に何を研究して、何を明らかにするのか、そうした肝心な点はまったく決まっていなかった。研究室の先輩が前年、卒業研究で鳥の果実選択を調べていたので、菊沢先生はその研究を継いでみたらどうかと提案してくれた。たしかにそのテーマもおもしろそうだったけれども、やはり自分で考えた課題に取り組みたいという気持ちは変わらなかった。そこで種子散布に関する論文を読みあさり、なんとか研究テーマを見つけようとした。論文にヒントを得て、おもしろいと思うテーマをいくつか捻りだし、それらを先輩に話したりセミナーで発表したりしてみた。だが残念ながら、どのテーマを話しても反応は芳しくない。あるセミナーでそんな研究計画を発表して、研究室の人たちからいろいろと突っ込みをもらうことになった。そのセミナーの最後に菊沢さんから「試しに簡単な調査をやってみたらどうか」とコメントをもらったように思う。たぶんフィールドを見ないで少し頭でっかちになっていた私を諭す言葉だったのだろう。そこで少しやり方を変えることにした。論文を読むだけではなく、自分でフィールドを歩き回りながら、研究の方向性を模索しはじめたのだ。だがそんなことをするうちにも時間は刻々と過ぎていく。八月の大学院入試はなんとか合格できたが、研究室に入ってすでに半年が過ぎ、季節はもう秋になっていた。さすがに焦りが募りはじめる。

私が関心をもったのは、鳥が植物の種子を運ぶ、種子散布のプロセスである。そのような相利関係を鳥たちと結んでいるのが、液果と呼ばれる果実をもつ植物だ。これらは被食型散布植物、あるいは周食型散布植物と呼ばれる。

秋から冬にかけて雑木林を歩いてみると、赤や黄、オレンジや紫などの、色鮮やかな果実を目にするだろう。これらがすべて液果であり、内部に種子を潜めている。一つ手にとって割ってみる。すると中から種子が出てくるはずだ。大きな種子が一個入っているものもあれば、小さな種子がたくさん入っているものもある。液果とは種子を、栄養のある果肉とカラフルな果皮でパッキングしたものである(図2・1)。日本では森林の樹木のおよそ六割がこのタイプの果実をつけ(大谷、二〇〇五)、私たちのまわりにあり

図2・1　身近で見られるさまざまな液果.
a) ガマズミ *Viburnum dilatatum*, b) ムラサキシキブ *Callicarpa japonica*, c) アオツヅラフジ *Cocculus trilobus*.

ふれた植物である。

その種子を運ぶのは果実を食べる動物、とくに鳥類である。彼らは果肉部分に含まれる糖分や脂肪分を目当てにして、この液果を丸呑みにする(口絵4)。そして後になって種子を口から吐き出したり糞に排泄したりすることで遠くに運ぶのだ。このような果実食鳥を「のみこみ型 gulper」(Levey, 1987)という。これらは私たちの身近で普通に見られる鳥であり、ヒヨドリやメジロ、ムクドリ、カラス類、ツグミ類などがすべてそうである。

これらの鳥と液果のあいだでは、鳥は果肉から栄養分を得て、植物種子は移動を達成するという相利共生関係が成り立っている。私たちが普段意識することはないが、鳥類はこれらの植物が子孫を残す過程、そして分布を広げる過程に決定的な役割を果たしている。

当初私の関心はこの被食型散布種子と果実食鳥の助け合いの関係にあった。だがやがて、思いがけないことが見えてきた。鳥は種子を運ぶとは限らない、ということだ。鳥と植物のあいだにあるのは相利関係だけでない。このことに気づいてはじめて私は、自分の研究の第一歩を踏み出すことができた。そしてこれを知った場所こそ、ある小さな「裏庭」だった。それが京都大学大学院理学研究科附属植物園。通称、理学部植物園である。

コラム　植物の種子散布とそのさまざま

種子散布は、植物が子孫を残し繁栄するうえで鍵となる、重要なプロセスである。親木の上で成熟した種子が、そこを離れて旅立っていく過程が種子散布である。このプロセスを経てはじめて植物は、新たな生息地を得て分布を拡大することができる。新しく開けた場所に植物がいち早く侵入して定着するためにも、種子散布によって長い距離を移動することが不可欠だ。

この種子散布を成功させるために、植物はさまざまな手段を進化させてきた。そうして植物の一部は、動物を種子の運び手とするに至った。こうして動物、とくに鳥類がこのプロセスに密接な関わりをもつようになる。とくに深い関わりができたのが、被食型散布種子というタイプの種子に対してである。

その長い進化の歴史のなかで、植物は種子を遠くに移動させる多彩な方法を獲得してきた。その方法は大きく、物理的な力を使うものと動物の力を使うものに分かれる。さらにこの二つは、利用する媒体の種類と散布方法によってさらに細かく分かれる。ある種子がどのような様式で散布されているのかは、その種子や果実の形態から、おおよその見当をつけることができる。その巧みな手段を見てみよう。

(一)物理的な力を使う種子

物理的な力を使う散布様式として、風散布、水散布、自発型散布がある(図)。

種子のまわりについた翼や綿毛によって風に運ばれるものが、風散布種子の代表である(図a)。タンポポやカエデ、マツなどの種子がそうだ。多くの人にとって馴染みのある種子だろう。また埃のように小さくて

図　種子のさまざまな散布様式．a) 風散布(ウリハダカエデ *Acer rufinerve*)，b) 水散布(ハマオモト *Crinum asiaticum*)，c) 自発型散布(カタバミ *Oxalis corniculata*)，d) 貯食散布(シラカシ *Quercus myrsinifolia*)，e) 付着散布(オオオナモミ *Xanthium occidentale*)．

空中を浮遊するタイプの風散布種子もあり、これはラン科などの草本で見られる。これらの種子は日本の森林構成種の約二割を占める(正木、二〇〇九)。樹木だけでなく草本の種子にも多い散布様式だ。

次に、水流によって運ばれる水散布種子がある(図b)。種子の外側がコルク質の組織で覆われていたり、内部に空隙をもったりすることで水に浮くことができ、川や海の流れによって運ばれる。うまく海流にのると非常に長い距離を移動できる。ハマヒルガオ・ハマオモト・オヒルギなど、海岸や海浜に生育する植物で一般的である

最後の自発型散布とは、果実が弾けることによって種子が放出される散布様式である(図c)。果実が乾燥するにしたがって内部の圧力が高まる仕組みがあり、成熟にいたると破裂して種子を放出する。この散布様式はおもに草本でみられ、カタバミやゲンノショウコ、園芸植物のホウセンカなどが代表的だ。

(二)動物の力を使う種子

動物散布の方法としては、先に紹介した被食型散布にくわえて、貯食型散布、アリ散布、付着型散布という種類がある。これらはそれぞれ散布者や散布方法が異なっている。

貯食型散布種子の代表はブナ科の堅果、すなわちドングリである(図d)。被食型散布種子とはちがって柔らい果肉をもたず、動物に対する報酬となる部分を欠いた種子である。これを散布するのは、貯食(caching)という特別な習性をもつ一部の種子食動物である。これらの動物が食べるのは種子自体であるが、実際に食べる分以上に種子を運び出して別のところに貯蔵するため、結果的に種子を運ぶ機能をはたしている(「食べ残し型散布」という呼び方もある)。この習性をもつ動物はかなり限られており、哺乳類ではげっ歯類(ネズミやリス)、鳥類ではカラス科やシジュウカラ科、キツツキ科、猛禽類などの一部の種だけである。

貯食型散布種子はブナ科堅果類のほかトチノキ、エゴノキ、オニグルミなどがあり、いずれも大型の種子である。私たちが「ナッツ」として食べているものの多くは、このタイプの種子の中身（胚や胚乳）である。日本の森林で貯食型散布をとる樹種は多くないが、ブナ科という優占種を含むので、その堅果の生産量はとても大きくなる。

アリ散布型種子は文字どおりアリ類によって運ばれるもので、小型の草本種子によく見られる散布様式である。種子の表面にエライオソームと呼ばれる可食部位があり、これを目当てにするアリ類が種子を運び出す。アリは種子からエライオソームを外して巣内に持ち込むが、種子本体は巣外に捨てるため、種子散布がおこなわれる。スミレ類・カタクリなどがこの散布様式である。

動物散布の最後が付着型散布（図e）である。種子の表面の棘や鈎《はり》、粘液などによって動物の体毛に付着して運ばれる。俗に「くっつきむし」、「ひっつきむし」と呼ばれる種子である。この散布様式をとる植物は、ヌスビトハギ、オナモミ、チヂミザサなど草本類がほとんどである。種子を運ぶのは主に中型・大型の哺乳類であるが、稀に鳥も運んでいるようだ。

植物の種子散布様式はおおむね右のいずれかに分類できる。（なお研究者によっては、さらに細かく分類する人もある。詳しくはVittoz and Engler, 2007などを参照いただきたい）。このように、それぞれの散布様式はそれぞれ特有の形態と結びついている。だからある植物の果実や種子を見れば、散布様式を推測することができる。だがその推測が常に正しいかというと、そう単純ではないのである。形態からは予想できないやり方で散布されていることも少なくない。そこが種子散布という現象が一筋縄ではいかないところである。このことは最後の第5章で詳しく見ていきたい。

図2・2　京都大学理学部植物園の園内．a) 入口，b) 中央の池，c) 湿地帯，d) 林の小道．写真提供(b,d)：井鷺裕司氏．

理学部植物園

京都大学大学院理学研究科附属植物園（以下、理学部植物園）は、京都市左京区の京都大学北部キャンパスの中にあり、その東隅の一角を占めている（口絵1、図2・2）。市街地に囲まれたわずか二ヘクタールばかりの敷地ではありながら、木々を鬱蒼と茂らせて、一種独特の雰囲気を漂わせている。設立は一九二三年（大正十二年）。それ以来一般には公開されておらず、学生や研究者の研究・教育

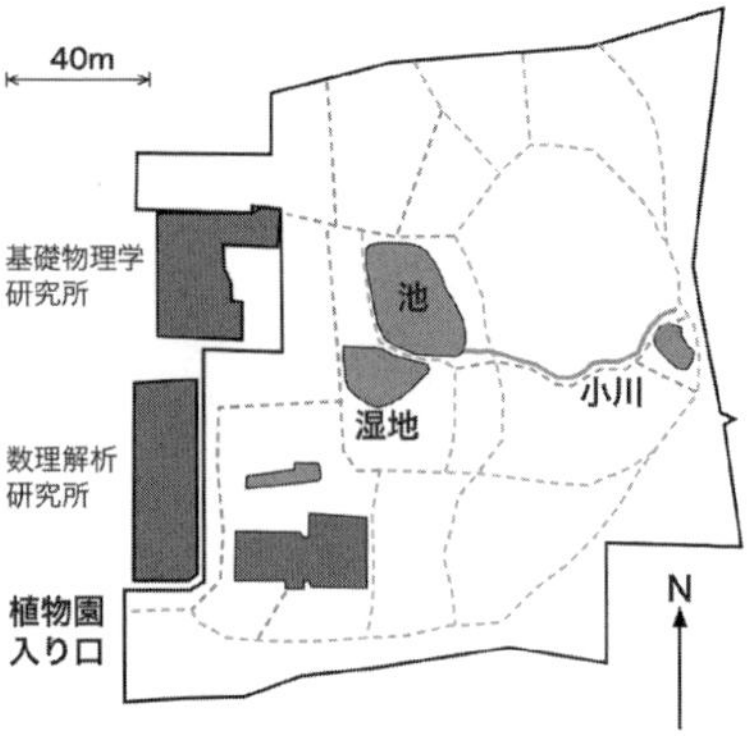

図2・3　京都大学理学部植物園の園内の地図．京都大学理学部の許可を得て地図を複製した．

の場として利用されている。この植物園の設立当初の狙いは、珍しい植物を展示することだけでなく、多様な植物とその生息環境をあわせて見せることにあったという（Hatakeyama et al., 1973）。こうした生態展示をめざした点で、国内では先駆的な植物園である。そのため園内には林地だけではなくさまざまな微環境が作られている（図2・3）。近くを通る琵琶湖疏水の流れを引き入れて小川がつくられ、築山の縁に沿って園内を横断する。小川は最後に池へと流れ込み、そのまわりに小さな湿地を作っている。このような多様な微環境のそれぞれに特有の植物が植えられ、あるいは勝手に生育して、所狭しと繁茂しているのが現在の植物園のようすである。枯れ木の伐倒や落ち葉かきなどの手入れは時折おこなわれているものの、それらは最小限に抑えられており、植生の変化は自然のなりゆきに委ねられている。現在ではエノキ *Celtis sinensis* やコバノチョウセンエノキ *Celtis biondii*、ムクノキ *Aphananthe aspera* といった、液果をつける高木の落葉樹が優占し、その梢が林冠をかたちづくっている。

理学部植物園は、三方を山で囲まれた京都盆地の東北部にある（図2・4）。まわりに目を向けてみると、南側には住宅地と今出川通りを隔てて、吉田山という小さな丘陵地（標高一〇五メートル）がある。京都盆地の東寄りから北北東の方向に伸びる、花折断層の末端部が隆起した丘陵であり、吉田神社の裏山であ

図2・4　東山・大文字山から望んだ理学部植物園と京都大学北部キャンパス(矢印). 理学部植物園の左側(南)には吉田山の丘陵地、上側(西)には下鴨神社の糺ノ森が見える.

り、京大吉田キャンパスの裏山である。その森はツブラジイなどの常緑樹に覆われている。植物園から東に足をのばすと、南北に走る白川通に出会い、それを横断してさらに一キロメートルほど行くと、盆地の東を縁どる東山連山の山裾にぶつかる。また北には京大の北白川試験地と北部グラウンドが、西にはいくぶん距離を隔てて高野川と下鴨神社の糺ノ森がある。このように理学部植物園は、京都盆地を囲む山地や、市内に散在する緑地とゆるやかに繋がっているため、たくさんの鳥たちが訪れる。とくに秋冬になるとさまざまな鳥がやってきて園内を賑やかにする。

再び植物園の中に戻ってみよう。入口を入って、理学部の研究室のある建物の脇を抜けると、そこはもう森の中だ。人影は少ない。作業をする園丁さんの他は、調査に来ている研究者やそばの施設に出入りする学生の姿をときおり見かける程度である。植物園の西側は数理解析研究所や基礎物理学研究所の建物と接しているが、どちらも理論畑の研究所であるためか森閑としている。林の中にいると、鳥の鳴く声や小川の流れる音が聴こえてくる。だが市街の喧騒から離れているわけではなく、近くの北部グラウンドで練習する運動部の声、塀一枚隔てた人家からの生活音、道路を走る車や自転車の音も聴こえてくる。この植物園は、そんな自然と人為とが入り交じり、生き物の営みと人の気配とが交錯する、猥雑ともいえる環境にある。

この理学部植物園は規模こそ小さいが、その分だけ生き物の営みが凝縮して感じられる、濃密な空間をかたちづくっている。この「裏庭」感溢れる空間は、設立から九〇年ほどの間を通して、京都大学の生態学者のフィールドとして盛んに利用されてきた(安部、一九七一 : Kakutani et al., 1990: Osawa, 2000 : Matsubara, 2003)。今も園内の地面や灌木に、研究に使われていると思しきラベルやテープを見ることができる。

種子を壊す鳥 イカルと遭遇する

秋になっても研究テーマを決められないでいた私は、やがて思いがけないかたちで、それに行き着くことになった。その頃、研究室で論文を読むことに飽きると、キャンパス近くの理学部植物園や吉田山を歩きまわることが日課になっていた。とりわけ植物園は研究室から歩いて五分くらいのところにあり、よく歩きにいっていたのだった。

秋も深まった十月下旬、植物園の中を歩いていると、いつもとようすがちがうのに気づいた。植物園の森全体が妙にざわついていて、落ち着かない感じがする。その理由は頭の上、森の樹冠部にあった。見上げてみるとそこには鳥たちが群れをなして、離合集散している。イカルだ（口絵2、図2・5）。全部で数十羽はいるだろうか。数羽の群れに分かれて、エノキやムクノキの樹冠部で何かをさかんに食べている。「キョッキョッ」とか「クルックルッ」という地鳴きの声が飛び交い、それに混じって「パチッ」という音も時折聞こえてくる。双眼鏡で覗いてみると、エノキの液果をくわえとって食べている。だが彼らは、液果を呑みこんではいない。くちばしで種子を砕いていたのだ。先ほどから時折聞こえていた「パチッ」という音は、種子を割る時のものだったのだ。エノキの果実は直径五ミリメートルほどの球形で、表面のオレンジ色の果肉を剥がすと直径三ミリメートルほどの白い種子が一つ出てくる。イカルは時間をかけて種子を砕き、その中身だけを食べていた。その際果肉や種子の破片をしきりに下に落とし、これが枯葉の上に落ちてかすかな音をたてている。林床をよく見るとそんな破片があたり一面に散らばり、ひどく汚れている（図2・6a）。このようすでは樹上の種子はどんどん無くなってしまうのではないだろうか？

図2・5　イカル *Eophona personata*
（写真提供：小野安行氏）.

　その後同様に、近くのキャンパスの道路上にもムクノキの果実と種子の破片が落ちているのを見つけた（図2・6b）。これもイカルの仕業だった。ムクノキの果実

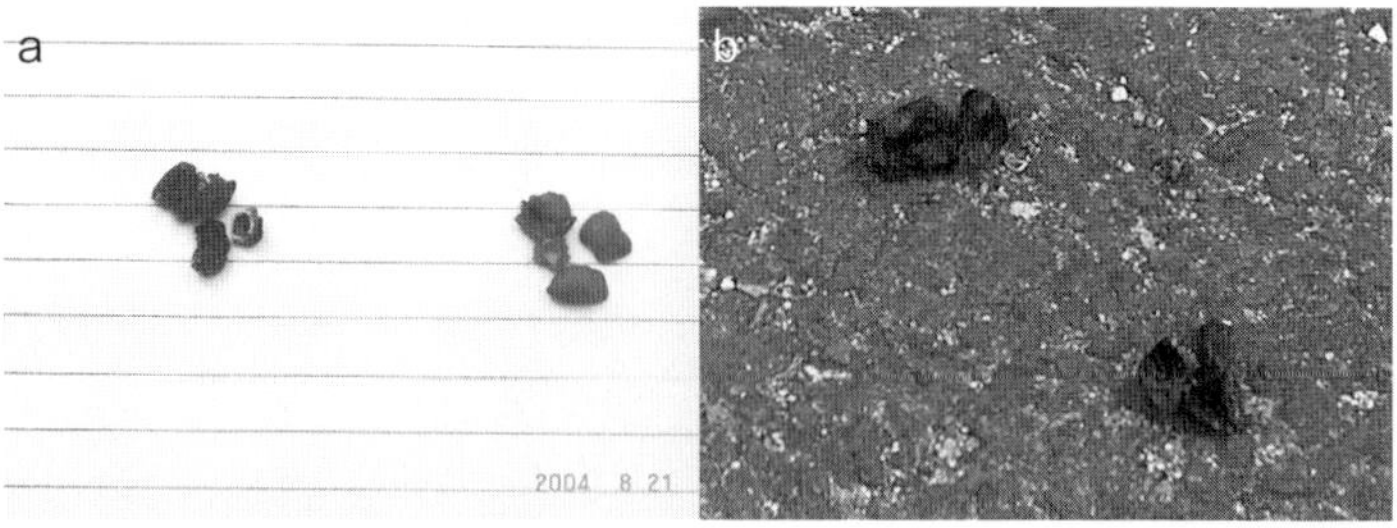

図2・6　イカルによる種子の食痕．イカルが採食した木の下には，このような食痕が大量に落ちている．a) エノキの種子の殻（内果皮）と果肉．左は未熟果実，右は成熟果実．b) ムクノキの果肉．

は直径が一センチメートル以上あり、その濃紺色の果肉はとても分厚い。熟れた果肉はまるでジャムのように甘く濃厚で、ヒヨドリなど果実食鳥の大好物である。そんな果肉が無視されて、ぞんざいにうち捨てられているようすは異様なものだった。

この光景がイカルという鳥に、そして種子食鳥という存在に、目を向けるきっかけとなった。それまで読んだ論文では、種子を破壊する鳥に触れるものは少なかったので、この時の光景は強く印象に残った。鳥と液果との関係は相利的なものばかりではない、鳥が種子を破壊する敵対関係にもなるのだ。こうした関係は植物繁殖にどのような影響を与えているのだろう？　鳥と植物のあいだには、まだ見えていない、より複雑な関係があるのではないか？　そんな考えが脳裏に浮かんだ。

私の心を捉えたイカル *Eophona personata* という鳥は、スズメ目アトリ科イカル属に属し、日本全国と極東ロシア、朝鮮半島、中国の東部や南部の一部に分布する。アトリ科の鳥は日本国内で一八種記録され、そのうち七種が繁殖している（日本鳥学会、二〇一二）が、イカルはそのなかでもっとも大型の種のひとつである。体長は約二十三センチメートル。全体に小太りである。ブンチョウを一回り大きくして、ごつくした姿をイメージしてもらうと近い（ただしブンチョウはアトリ科ではなく近縁のカエデチョウ科である）。ブンチョウがかわいいように、イカルもかわいい。体は灰色で、頭部の上半分は帽子をかぶったように黒い。翼の先の風切羽も、それから尾羽の全体も、光沢のある黒色である。そしてなんといってもイカルの姿でめだつのは、その黄色の大きなくちばしだ。顔の前面に張り出したこのくちばしを使って、樹木の硬い種子を砕き、中の胚や胚乳を食べる。また繁殖期には昆虫もよく食べる。くちばしの内側には一筋の突起部があり、咀嚼する力がここに集中するので簡単に種子を砕くことができる（中村・中村、一九九五）。イカルの太いくちばしはペンチを思わせるが、咀嚼力が面ではなく線で加わるという点では、ペンチよりニッパーに近いだろう。種子の中身を食べるイカルは、くちばしをモグモグさせながら殻と中身をより分け殻を捨てていく。この食べ方に由来する、「マメマワシ」、「マメコロガシ」という異名もある。ちなみにイカルは、そのくちばしの強さから一部で恐れられている鳥である。野鳥を捕まえて足輪をつけるバンディング調査をする人に話を聞くと、できればイカルには触りたくないという。捕獲する際、うっかり指を噛まれたりすると悲惨なことになるからだ。

イカルは春から夏にかけ、日本全国の山地の落葉広葉樹林で繁殖する。繁殖行動の詳しいことはわかっていないが、樹梢の割と高いところに巣をかけること、そしてルーズコロニーというものをつくることが知られている（丸山、一九七五）。このルーズコロニーとは、アトリ科などの鳥類で見られる一風変わった繁殖様式で、数つがいが隣接して巣をかけ、重複した縄張りをもつというおもしろいものである（丸山、一九七五)。繁殖期が終わり秋になると、北日本の個体は南へ渡り、山地の個体は低地に移動し、群れで冬を越す。冬季のイカルの個体数は、地域によって大きなばらつきがあることが知られている。たとえば関西地方ではごくふつうの種であり、低地の丘陵や河畔林、都市緑地などでしばしば大きな群れを見ることができるのに対して、関東地方の低地では局地的で少なく、なかなか出会えない鳥である。森林の中の比較的高いところを好むイカルは、樹上に種子が無くなる厳冬期をのぞいて、地上に降りてくることは少ない。鳴き声は「キーコーキー」と聞こえる、よく通る大きなさえずりが特徴である。このさえずりには、よって遠くからでもイカルがいることを確かめることができる。この口笛にも似た朗らかなさえずりには、「お菊二十四」や「月日星」という「聞きなし」(鳥の鳴き声を,人間の言葉に置き換えることをこう呼ぶ)もある。地鳴きは「キョッキョッ」というやや鋭い声だ。

研究テーマ、決まる

鳥類と果実の関係についての先行研究のほとんどは、両者の相利関係に着目したものだった。そこで調べられていたのは、果実食鳥がどれほど果実を食べるか、どんな果実を選んでいるか、どれほど遠くに種子を運んでいるかということである。これとは対照的に、イカルのような種子食鳥が植物繁殖に与えるダメージに注目した論文はわずかしかなかった。だが植物園での出来事を経験して種子食鳥の存在を知ることになり、その働きがにわかに気になりはじめた。植物繁殖を考えるうえで、彼らも無視できない存在ではないだろうか？　研究室でこのことを話すと先輩の藤木大介さん（現・兵庫県立大学）や井上みずきさん（現・日本大学）がおもしろがってくれた。また後日、ムクノキの実をドバト *Columba livia* が食べていたと井上さんたちから教えてもらった。ハト類も種子を体内の砂嚢ですりつぶす種子食鳥であり、これも種子捕食の記録だ。

こういった断片的な観察が集まるにつれて、種子食鳥の存在というものにだんだんと関心が湧いてきた。人とあまり研究されていない種子食鳥だが、せっかくなら誰も手をつけていないテーマをやってみたい。同じことをやっても仕方がないだろう。これまでもっぱら相利関係として見られていた鳥類と果実の関係に、新たな視点から迫れるかもしれない。それに一年間の見習い期間も残りわずかになり、これ以上良いテーマが見つかるとも思えなかった。この新しいテーマに期待する気持ちもあり、また他にテーマも考えつかないという見切り発車の感じもあり、イカルたちの種子捕食を研究することに決めた。

二〇〇四年春に大学院の修士課程に進学し、いよいよ研究を進めていくことになった。研究をはじめるにあたり、まず考えなければならないのは、その研究で何を明らかにするのか、そしてそれを明らかにする意義は何なのか、ということである。このことをいろいろ考えてみた。

液果樹木の繁殖に鳥が果たしている役割を理解するためには、樹木の生産した種子がどのようになったのかを把握することが大切だ。これを種子の「運命」（英語では seed fate）と呼ぶ。これまでの既存の研究は、鳥が液果を食べた分を種子散布であると見なしてきたが、イカルのような種子食者も存在することは見逃

図2・7　エノキ *Celtis sinensis*．
a）樹冠部を見上げる．
理学部植物園の森の
優占種の一つである．
b）果実．

されるきらいがあった。しかし現に植物園で見たように、種子食鳥が甚大な影響を与えることもありそうだ。

そこでまず重要だと考えたのが、イカルによる種子捕食が一本の樹木にどのぐらいのインパクトを与えているのかを正確に把握することである。同時に、どれだけの種子が果実食鳥によって散布され、どれだけが食べられずに残るのかも評価する必要がある。まずこのことをめざして、植物園のエノキとムクノキを対象にして調査をすることにした（図2・7）。

一本の樹木の果実のうちで鳥が食べた量を測る方法はいろいろある。たとえば、結実木を長時間直接観察する方法や、カメラやビデオの自動撮影を使うやり方、あるいは果実のついた枝をマーキングして追跡する方法などがある。だが私が対象としているエノキやムクノキは、果実が樹上にある期間がとても長く、直接観察や自動撮影で捕食量を測ることは難しい。それに高木なので手の届く枝もなく、果実のマーキングも厳しそうだ。そこで私は、イカルが種子を砕くときに捨てる内果皮の破片、つまり種子の殻の量から捕食種子数を推定できないかと考えた（なおエノキやムクノキの場合、種子を守っている「殻」は内果皮（endocarp）という組織であり、正確に言うと、これは果実の一部である。だがこの本では便宜上「種子の殻」や「種子の破片」という表現を使うことにしたい）。種子を食べるとイカルは殻を必ず落とす。だから原理的には、ある樹の下の破片を全部集め、その重量を種子一個の平均殻重で割れば、樹木あたりの捕食種子数がわかるはずだ。ただ破片を全部集めるのは現実的ではないので、シードトラップと呼ばれる道具を使うことにした。シードトラップとは通常開口部が〇・二五〜〇・五平方メートルの布製の袋を、高さ一メートルほどの支柱で固定したものである。これを林床に設置して落葉落枝（リター）を採取するのが、森林の物質生産量を測る定番の手法である。先行研究を調べてみると、樹木の下にシードトラップを十字形に配置することで樹木一個体のリター生産量を推定している論文が見つかった（Kawaguchi et al., 1995）。この「十字トラップ」法を応用して樹木あたりの捕食種子数を推定しようと考えた。樹冠中心からの距離と捕食種子の密度の関係式を求め、この式から樹木個体あたりの総捕食量を推定するのだ。さらにトラップには樹から直接落ちてきた果実も入るので、落下種子の総数も推定できるはずだ。

種子捕食のインパクトを評価するには、果実の総数も知る必要がある。これも推定が難しい数字である。背丈ほどの低木であれば全果実を数えることもできるが、樹高二〇メートルを超えるエノキやムクノキでは不可能だ。頭を悩ませたすえ、先輩らのアドバイスを参考にして次のやり方を捻りだした。まず樹冠のなかで一定の大きさの枝の塊を決めてやり、樹冠全体のその数を数える。次に塊を数個ランダムに選んで、そのなかの果実数を双眼鏡で全部数える。そしてそれらを掛け合わせることで総果実数を推定する、という方法である。こうしてなんとか調査方法が固まった。シードトラップ作りを進めながら、果実の成熟する夏を待った。

七月末、植物園内のエノキとムクノキの木の下にシードトラップを設置した。樹冠の中心から十字形にトラップを数十個置く。こうしてイカルによる種子捕食のモニタリングを開始した。なかに溜まったものを約二週間の間隔でサンプリングし続ける。トラップ設置直後の八月のあいだは、イカルの姿を見かけることは少なかった。思っているようなデータがほんとうに取れるのか不安が募る。だが九月半ばに差し掛かると状況は一変した。園内のいたるところに、イカルの群れが飛び交っている。盛んに種子を噛み砕いているのは、昨年目にしたのと同じ光景だ。シードトラップの中を覗いてみると種子の破片が明らかにめだっている。やはりイカルはエノキやムクノキに強い影響を与えているにちがいない。そんな期待に後押しされて、シードトラップの中身を回収する作業を、樹上から果実が消えてなくなる年末まで継続した。これで一本の木のなかで、どれだけの種子がイカルによって破壊され、どれだけの種子が散布者に運ばれているかわかるはずだ。

最初の調査は失敗する

シードトラップで回収したサンプルは、研究室に持ち帰ったあと仕分けしていく。サンプルは紙袋に入れてしばらく自然乾燥させた後、トレイに出して、ピンセットで選り分けていく。シードトラップの分析作業は、文字で書くとこれだけなのだが、なかなかに手間と時間のかかる作業である。私の場合、まず集めなければならないのはイカルが砕いた種子の破片だった。一ミリメートルに満たないものもあるので、目を凝らして探してピンセットで慎重に拾っていく。とくに樹木の中心近くのトラップには、無数の種子の破片が入っており、これを仕分けるのに大変時間がかかる。また落下果実も集めて数える。このようなシードトラップの回収と仕分けの作業には、さまざまなコツがある。幸い、これらの手順とコツについては、森林総合研究所の正木 隆さんの書かれたマニュアル(正木、二〇〇六)に簡潔にまとめられているので、シードトラップを使われる方はぜひ参考にされたい。一つだけ基本的なことを紹介しておくと、トラップサンプルは必ず紙袋に入れることが重要である。ビニールやナイロンの袋に入れて保管しておくと中身が腐ってしまうからだ(当然である)。はじめはそんなこともわからず、サンプルを腐らせてしまうことがあった。

半年間にわたりシードトラップのサンプリングをおこない、その内容物の分析を済ませて、ようやく結果を見ることができた。トラップごとの捕食種子や落下種子の数を数えてみると、樹冠の中心を離れるにつれて、減っていくようすが伺える。期待どおり、捕食量の推定ができそうだ。

計算の結果、イカルによる種子の破壊はエノキ個体で果実生産量の二十四パーセント、ムクノキ個体では五十六パーセントに達することがわかった(図2・8)。一方ヒヨドリなどの果実食鳥に食べられ散布されたのは、エノキで十八パーセント、ムクノキで十七パーセント。つまりどちらの種でも散布種子を上回る量がイカルによって失われているのである。やはりイカルによる種子捕食は、この二つの樹種に対して

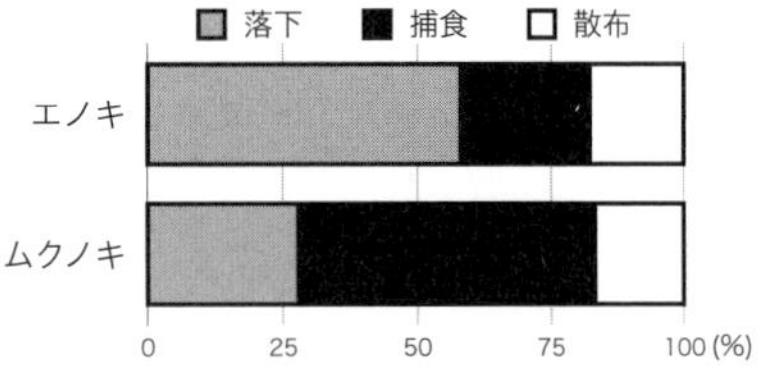

図2・8　エノキ・ムクノキ各1個体における種子の運命の内訳．十字トラップ法により推定した．Yoshikawa and Kikuzawa (2009) を改変．

大きなダメージを与えている。このことを実証することができたのだ。

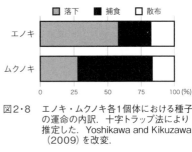

いや、確かに実証はできたのだが、ここで私は大きなミスを犯していた。シードトラップを各樹種一個体にしか設置しなかったのだ。おわかりのとおり、一個体しか調べていないのでは、その結果を一般化することはできない。今回のようにムクノキの捕食率がエノキより高かったとしても、それがエノキの他の個体にも成り立つ傾向なのか、そうでないのか、はっきりと言うことができない。総捕食量や総種子数をどう推定するかばかり考えていて、その点をまったく忘れていたのである。調査結果を発表したセミナーでは菊沢さんから「こんなんケーススタディやないか」とコメントをもらった。サンプルサイズが一のケーススタディ、まさにそのとおりである。最近の学生さんはこんな初歩的な失敗をするとは思えないが、私がこのことを学習したのは、このように遅かった。

このように初年度の調査は、準備不足のため無残な失敗に終わった。だが植物園に一年通うなかで、さまざまな収穫があったのは確かである。一つは、イカルがこれらの樹木の種子を破壊して大きなダメージを与えると確信できたことである。サンプルサイズが足りないので立証はできないが、他のエノキやムクノキの個体も多くの種子を失っていることは確かなようだ。もう一つの発見は、イカルの個体数が季節によって大きく変化し、それに伴って、捕食種子量も変化しているらしいことである。季節的な渡りをおこなうというイカルの特性が、種子捕食の季節的パターンを生みだし、それが種子散布の成功を左右することは容易に想像できる。また鳥の渡りの規模やタイミングは年によって異なるので、年ごとに異なったパターンが生じるにちがいない。この一年だけの短い調査ではなく、腰を据えて長期間調査をつづけていけば、そのようなダイナミックな変動が捉えられるのではないか？　そんな期待が膨らんだ。

修士課程一年の三月、はじめての学会発表に臨んだ。大阪で開かれた日本生態学会大会で、ここまでのイカルによる種子捕食量の推定結果をポスター発表した。ポスター発表とは、研究成果をまとめたポスター（通常A〇サイズ）を掲示して、やってきたお客さんに内容を説明するという形式である。スライドで発表する一回勝負の口頭発表とはちがって、何度も繰り返し説明することができるので、あまり緊張せずに発表できる。またポスターに関心をもってくれた人と個人的に詳しく話ができるという利点もある。はじめての学会発表ということで緊張もしたが、幸いポスターに興味をもってくれる人もおり、いろいろ議論することができた。ある方からは中部地方のある場所でも、イカルの群れが堅果（ドングリ類）を食べつくしているという情報も得ることができた。ポスター会場は人が多くて熱気もすごく、酸欠で倒れそうになりながら発表したが、終わった後でポスター賞をもらうことができた。内容の一般性には乏しいケーススタディではあるが、鳥類による種子捕食という新たな現象に着目した点はおもしろいと思ってもらえたようだ。調査の失敗に落ちこんでいた私にとって、これは励みになった。

研究の仕切り直し―エノキとコバノチョウセンエノキ

そこで翌年度から、腰を据えてイカルと樹木との関係を見ていくことにした。もちろん調査対象の植物個体数は増やす必要がある。園内に生えているエノキをすべて把握して、できるだけ多くの個体をモニタリングするようにした。さらに園内に植栽されているコバノチョウセンエノキ *Celtis biondii* も対象種に加えて、この樹種の個体にも可能なかぎりシードトラップを設置した。コバノチョウセンエノキはエノキと同属の樹種であり、前に調べたムクノキよりも比較対象として適切である。近縁の二樹種を比べることで、イカルの種子捕食の特性をより鮮明に炙り出せるはずだ。調査全体の仕切り直しである。

ここで改めて、調査対象の二樹種、エノキとコバノチョウセンエノキ(以降、コバと略す)について詳しく紹介しておこう。両種はアサ科エノキ属 *Celtis* に属する、高木の落葉広葉樹である。エノキは日本全国の山地から平地に分布し、身近でも良く見かけるごく一般的な植物である。とくに撹乱を受けやすい川沿いや林縁などの場所に生育し、時に河畔林を構成する主要樹種となる。この樹は高木に成長し、高さ二十五メートル、直径一メートルを超えることもある。そのため江戸時代には街道沿いの一里塚の目印として植えられることが多かった。その名残の巨木を各地で見ることができる。八月頃からオレンジ色に色づいた成熟果実が現れる。十一月後半に落葉が起こるとともに多くの果実が落ちるが、その後も果実がいくらか枝先に残る。

一方コバは、エノキよりずっと数が少なくかなり珍しい樹種である(図2・9)。おもに西日本の山地帯、

図2・9　コバノチョウセンエノキ *Celtis biondii* の液果．エノキよりすこし小さい（写真提供：横川昌史氏）．

とくに石灰岩地や急傾斜地などのやや特殊な環境に生育する。エノキほどの大木にはならないが、それでも樹高は二十メートルを超すことがある。関西地方では山地に点在して自生していて、数はかなり少ない。植物園の個体はおそらく植栽されたもののようだ。液果はエノキと同様のオレンジから赤色の球形で、なかに種子が一個ある。果実が成熟するのは九月に入ってからで、エノキよりもすこし遅い。

コバとエノキを見分けるポイントは次のようなものがある。まず葉についてみると、コバは葉身が細く、葉脈の三主脈が広がらないという特徴がある。また樹皮はコバの方が滑らかで、エノキのようにゴツゴツしていない。また果実についてはコバの方がわずかに小さく、種子表面に凹みがたくさんあり、果柄がやや細い。感覚的に言うとコバは全体的にエノキより華奢な感じである。

ようやくこの年から、イカルをはじめとする鳥たちとエノキ・コバの二樹種との関係について本格的にモニタリングをはじめた。エノキが全部で一〇個体、コバは四個体を調査対象とした。これらの樹木と鳥たちとのあいだのプロセスを、できるだけ丁寧に、できるだけ長期にわたって捉えることをめざして調査することにした。いま「できるだけ長期にわたって」と書いたように、ここで重視したのが、鳥と樹木の関係を何年も継続して調べることである。なぜ一年だけではダメなのか疑問に思われるかもしれない。その理由は、鳥と液果の関係が年ごとに大きく変化することにある。このことは、世界中の種子散布研究者による調査から、しだいに明らかになってきた事実である。この問題、「鳥と液果との相互作用の時間的・空間的なばらつき」については、次の章であらためて紹介する。前年の調査で感じたように、イカルや他の鳥の渡りの規模やタイミングは、年によって大きく変わりそうで、それが種子捕食のあり方にも影響すると思われる。このような研究背景を意識して、イカルと樹木の関係を長期的に見ていく方針を固めた。

イカルと樹木の関係を三年間追いかける

そのためには、植物・鳥類双方の振る舞いを詳しく観測し、イカルと果実食鳥が樹木に与えているインパクトを正確に評価することが必要となる。そのためにどのような調査をおこない、どのようなデータを得たのか、それらを一つひとつ紹介していこう。

(一)シードトラップによるモニタリング

まずは基本のシードトラップである。前に説明したように、これは樹下に布袋を仕掛けたもので、このなかに落ちてくる種子や果実を定期的に回収する。サンプル回収は、エノキとコバの果実が樹上についている八月から翌年の一月までのあいだ、繰り返しおこなった。これらのサンプルを仕分けて数え上げる作業が終わるのは、だいたい翌年の春以降になる。

調査する樹木個体を増やしたため、トラップの設置方法も大幅に見直した。以前は少数個体を集中して調べる十字トラップ法を使っていたが、それですべての対象個体を調べるのは無理がある。そこで思いきって樹木個体あたりのトラップ数は二〜三個に減らした。

シードトラップで得られるのは次の四つのデータである。イカルが砕いた種子の破片、樹木から落下した果実、種子散布者が排出した種子、そして落下した果柄(果実の柄)である。これらのデータを総動員して、イカルたちのインパクトを評価し、樹上で起こっていることを推測しようと考えた。まず種子の破片量の季節変化を見れば、どの時期にイカルが種子を破壊していたのか理解できる(図2・10)。またトラップには排出種子、つまりヒヨドリやメジロたちが果実を食べて排出した種子もたくさん入ってくる。このような種子も種子散布の動向を推測するための貴重な手がかりになる。排出種子の量が多い時期ほど散布量も多いと見なせるからだ。

だが十字トラップ法をやめたため、個体あたりの捕食率や散布率の推定ができなくなった。そこで新たな方法を模索しなければならなくなった。

(二)種子捕食量・散布量・落下量の推定

捕食率や散布率を推定するために目をつけたのが、トラップに落ちてくる果柄の数である。これは、樹

図2·10　シードトラップに入ったコバ種子の破片．直径約30cmのシードトラップの中に，２週間でこれだけの破片が落ちてきた．バーは２cm.

上での果実生産量を反映していると考えられるからだ。つまり果柄数を果実生産数とみなせば、捕食率は（捕食種子数）／（果柄数）として、落下率は（落下種子数）／（果柄数）として計算できる、そう気づいたのである。（なお残念ながら、一年目は果柄サンプルを取らなかったため、この年の推定はできなかった）。結果から言うと、この推定手法にはすこし問題があったが、なんとかうまくいった。じつはトラップ内の果柄数と生産果実数が等しいという仮定にすこし問題があり、果柄が風に飛ばされて減ってしまうというバイアスがあったのだ。しかしこの問題はのちに森林総合研究所の正木 隆さんに助けていただいて解決することができた。正木さんは北茨城の小川学術参考林における森林調査を長年されており、日本の森林モニタリングを牽引されてきた研究者である。正木さんと学会でお話しした際、階層ベイズモデルという統計手法がこのバイアスの補正に使えそうだという示唆をいただいた。そこで正木さんの助けを借りてモデルを作り、二年目と三年目については信頼性の高い捕食率や落下率を出すことができた。

(三) 樹上の果実のモニタリング

シードトラップの調査に加え、樹上の果実量のモニタリングもおこなった。これで、果実がいつ減っていき、いつまで残っていたのかを把握することができる。この調査には、元北海道立林業試験場の水井憲雄さんの開発した指標（水井、一九九三）を用いて、各個体の枝長あたりの着果量を評価した。この指標はもともと樹木の豊凶を樹種間・年度間で比較するために考案され、広く用いられているものである。これを使って樹木個体内での果実の減少パターンを追った。この樹上果実の情報と、シードトラップで得られた各種果実の情報を合わせて見ることで、樹上で起こっているプロセスを推測することができる。

（四）鳥類のラインセンサス

さらに鳥たちが樹木におよぼすインパクトを考えるにはイカルをはじめとした鳥類の季節的な個体数変動も重要になってくる。とりわけイカルの群れが植物園にやってくるかどうかは、エノキやコバに対するダメージを大きく左右する可能性があるため、ちゃんと把握しておきたい。同様にヒヨドリなどの種子散布者の個体数も明らかにしておく必要がある。そこで植物園周辺に固定ルートを設けて、定期的にラインセンサスをおこなった。ラインセンサスとは、ある場所における鳥類の個体数や密度を明らかにするための定番の手法である。早朝に、決まったルートを一定の速度で歩いて、ルートから一定の距離（通常は二〇～三〇メートル）の範囲内に鳥が現れたらその都度記録する。このラインセンサスを一・二週間おきに続けていくと、それぞれの鳥の季節的な消長がはっきりと見えてくる。渡り鳥がやってきたり、いなくなったりするのが、手に取るようにわかる。なお私のセンサスルートは植物園だけでなく、外側の京大北部キャンパスの中も通っていた。キャンパス内を通勤する人や犬の散歩をする人に混じって、鳥を数えることを続けた。

以上の「裏庭」のモニタリング調査は、修士課程の途中からはじめ、最終的に三年の間続けることになった。調査が終わったときには、すでに博士課程も後半に差し掛かっていた。シードトラップの中身を集める、それを仕分けして数える、樹上の果実を観察する、ラインセンサスで鳥を記録する、ひたすらその繰り返しである。どれも単純な作業ではある。飽きるといえば飽きる。だがこれを繰り返しているうちに、発見が時々出てくる。解くべき謎が見えてくる。すると作業も楽しくなってくる。さらに新たな謎を解くために、別の調査や実験も追加する。こんな発見と謎解きのプロセスを経て、この裏庭の調査を続けていった。

この調査を続けているあいだに、所属していた研究室の体制も大きく変化した。私が修士課程の途中で、菊沢先生が定年で退官されて石川県立大学生物資源環境学部に異動された。菊沢先生の指導は基本的に放任だったので、研究テーマも研究手法も何から何まで自分で考えることが必要だった。大変といえば大変だが、自分にはそのスタイルが合っていたのではないかと思う。また困ったり行き詰まったりした時は、先生方や先輩に相談してアドバイスをもらうなどして、さまざまな方からサポートを受けられたことも大きかった。そのおかげで、自分のペースで研究することができた。

菊沢先生の退官後は指導教官が一時不在になり、その後しばらくして井鷺裕司先生が後任の教授として着任された。井鷺先生も植物の繁殖生態学が専門で、とくに遺伝マーカーを用いた研究を精力的に進められていた。研究室のメンバーは室内で遺伝実験をする人が多くなり、研究のアプローチは多少変わったが、植物も動物も含む、多様なテーマが扱われていることに変わりはなかった。また研究室では、外部の研究者を招待して発表してもらう「森林生物学スペシャルセミナー」もはじまり、さらに広い分野の研究に触れる機会を得ることができた(このセミナーは現在も続いている)。私の研究テーマもそのまま継続させてもらったし、他のメンバーがおこなっている研究に刺激を受けることも多かった。そして今度は、研究室に新たに入ってきた優秀な後輩たちにいろいろ教えてもらうことができた。

こんな風にして、植物園での研究の日々は、またたく間に過ぎていった。ではここからは時間を一気に進めて、この三年間のモニタリングから何が見えてきたのか、どんな謎が現れたのか、そしてそれはどのように解けたのか、それらを見ていこう。

三年間のデータから見えてきた謎

重要な発見が二つあった。

一つは、イカルによる種子捕食の強度がエノキとコバでまったく異なることである。コバの方がずっと強く種子捕食を受けているのだ。しかもこの現象は、シードトラップの中身を見るかぎり、毎年ほとんど変わらない。なぜ近縁の樹種間で、このような大きな差が生まれてくるのだろうか?

もう一つの発見は、種子散布と種子捕食の季節的パターンが年によって大きく変動していることだ。イ

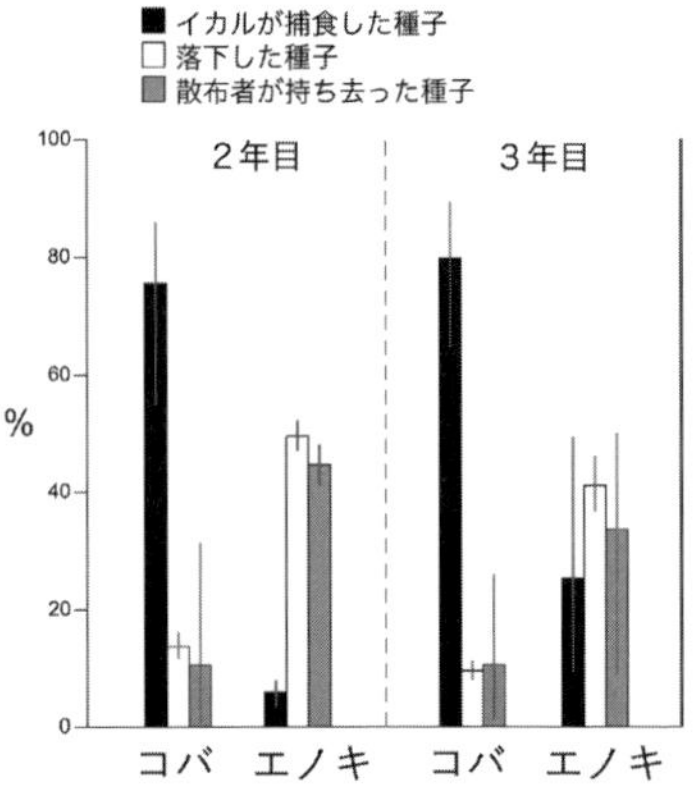

図2・11　2年間におけるコバとエノキの種子の運命．両年ともイカルはコバ種子の7～8割を破壊していた．Yoshikawa et al. (2012) を改変．

カルの群れの到来のタイミングは年により異なり、それが各樹木に与える影響に大きなちがいを生じさせているようだ。調査をはじめる時に期待していたとおり、イカルと樹木の関係性は時間的に大きく変化しているのだ。

まず、両樹種での捕食量と散布量の推定結果を見てみよう（図2・11）。調査二年目と三年目ではコバの個体内での捕食率は平均七十五〜八十パーセントに達していた。一方エノキでの捕食率は、個体によるちがいはあるが平均十〜三十パーセント程度にとどまっていた。そしてこれに呼応して種子散布率（持ち去り率）も樹種間で大きく異なっていた。コバの種子散布率は二年ともに十パーセント程度で、きわめて小さい。それに対してエノキでは三十〜四十パーセントに達しており、ある程度の種子が運ばれていたといえる。またエノキでは落下する種子（果実）もかなり見られ、全体の四十〜五十パーセントにのぼっていた。

では次に、シードトラップと樹上の果実カウントで得られたデータを突き合わせ、それぞれの年に樹上で起きたことを詳しく見てみよう（図2・12）。シードトラップで得られるのは、イカルが砕いた種子の破片、果実食鳥が排出した種子、樹木から落下した果実である。これを分析すると、それぞれが、どれだけの量、

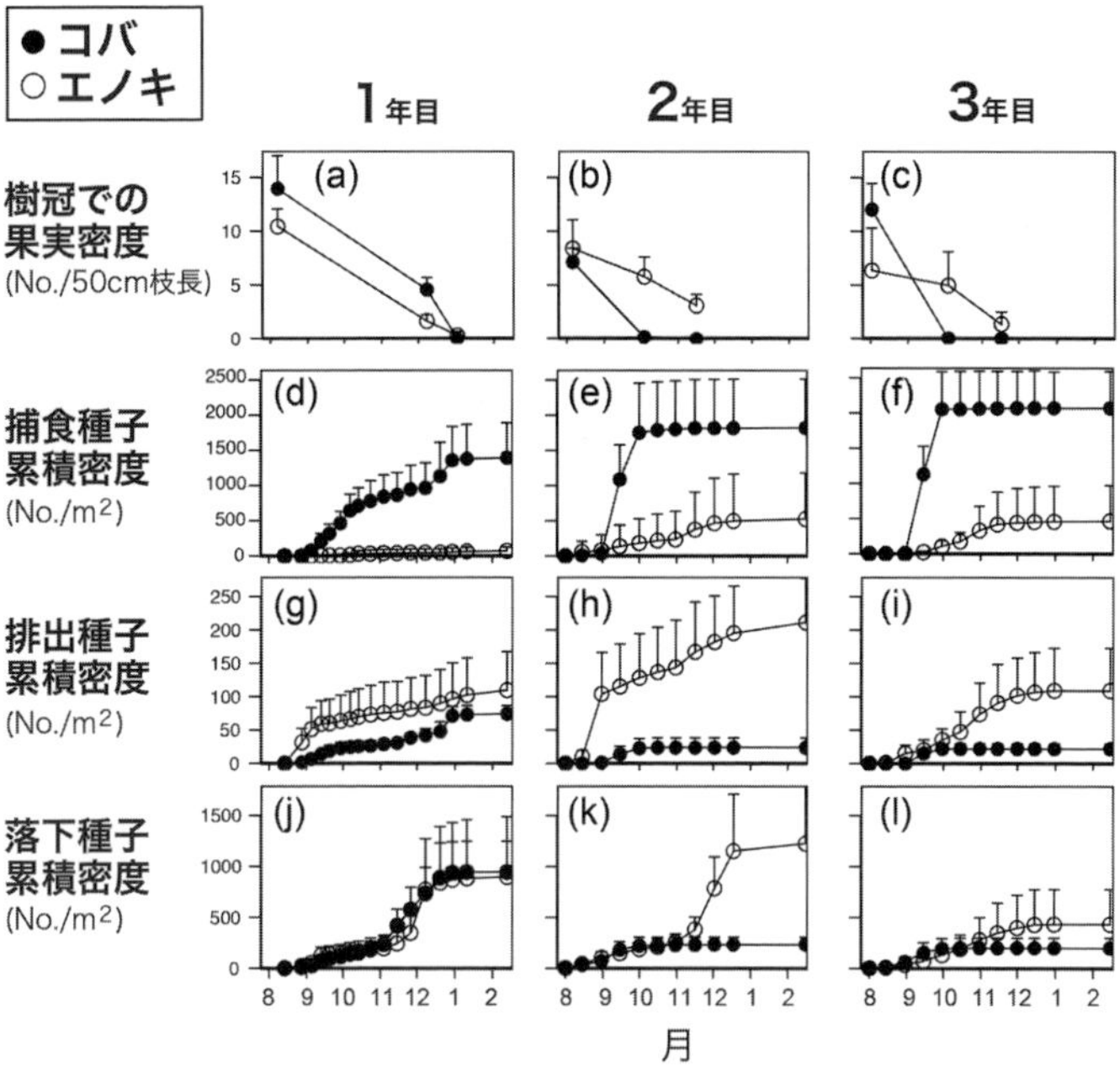

図2・12　コバとエノキをめぐる状況の季節変化. 上段からそれぞれ, 樹上の果実密度, イカルによる種子捕食, 散布者による種子排出, 種子落下の季節パターン. 黒丸はコバ個体, 白丸はエノキ個体の平均値. 縦棒は標準偏差を示す. Yoshikawa et al. (2012) を改変.

どのようなタイミングで落ちてきたのかを把握することができる。ここから、年によってどのように種子捕食と散布の季節パターンが変化したのかを考えてみよう。

まず、樹上の果実密度の季節変化のグラフを見ていただきたい(図2・12abc)。一年目は、コバ・エノキともに種子が比較的長く残り、十二月にも少数の果実が見られた(図2・12a)。しかし二年目・三年目は、これとまったく異なったパターンが現れる。両年では十月初め頃、コバ種子だけが樹上から消えていることがわかる(図2・12bc)。なぜか? イカルが種子を破壊し尽くしたからだ。

二段目のグラフ(図2・12ｄｅｆ)は、イカルによって破壊された種子の積算量を示している。この両年にはコバ種子が九月からすごい勢いで食べられてゆき、ひと月足らずで消失してしまったのだ(図2・12ｅｆ)。なおこのグラフには示していないが、この頃のコバ果実は未熟な緑色のものがほとんどだった。一方コバよりも成熟するのが早いエノキ果実は、同じ時期にオレンジ色の成熟果実をたくさんつけていたにもかかわらず、成熟したエノキよりも未熟なコバをイカルは集中的に食べていたのである。

つぎにシードトラップのなかの排出種子の季節変化を見てみよう(図2・12ｇｈｉ)。ヒヨドリやメジロといった種子散布者が食べて排出した種子である。二年目と三年目の結果を見てみると、コバの排出種子がほとんど見られないことに気づく(図2・12ｈｉ)。つまりイカルが猛烈な勢いで種子を破壊した結果、この両年はほとんど散布されなかったのだ。一方で一年目にはコバの種子もある程度鳥に運ばれていたし(図2・12ｇ)、枝に残った果実が落下もしていた(図2・12ｊ)。それに対してエノキでは、多少の変動はあるものの毎年ある程度種子散布が継続しており、果実も落下していた。

ではなぜ、このような年によるちがいが生じたのだろうか? それを考えるためには、鳥類のセンサスデータを見る必要がある。それが図2・13のグラフである。これを見てわかるのは、植物園周辺のイカル個体数が非常に大きな変動を示すことである。百羽を超える個体が見られる日がある一方で、数羽しか見られない日もある(図2・13ａｂｃ)。この変動は、イカルの群れが来ているかどうかを反映しているとみられる。それに対してヒヨドリやメジロ、カラス類などの種子散布者の個体数は、季節をつうじてより安定している傾向がある(図2・13ｄｅｆ)。イカルと果実食者では、個体数変動のパターンが大きく異なっ

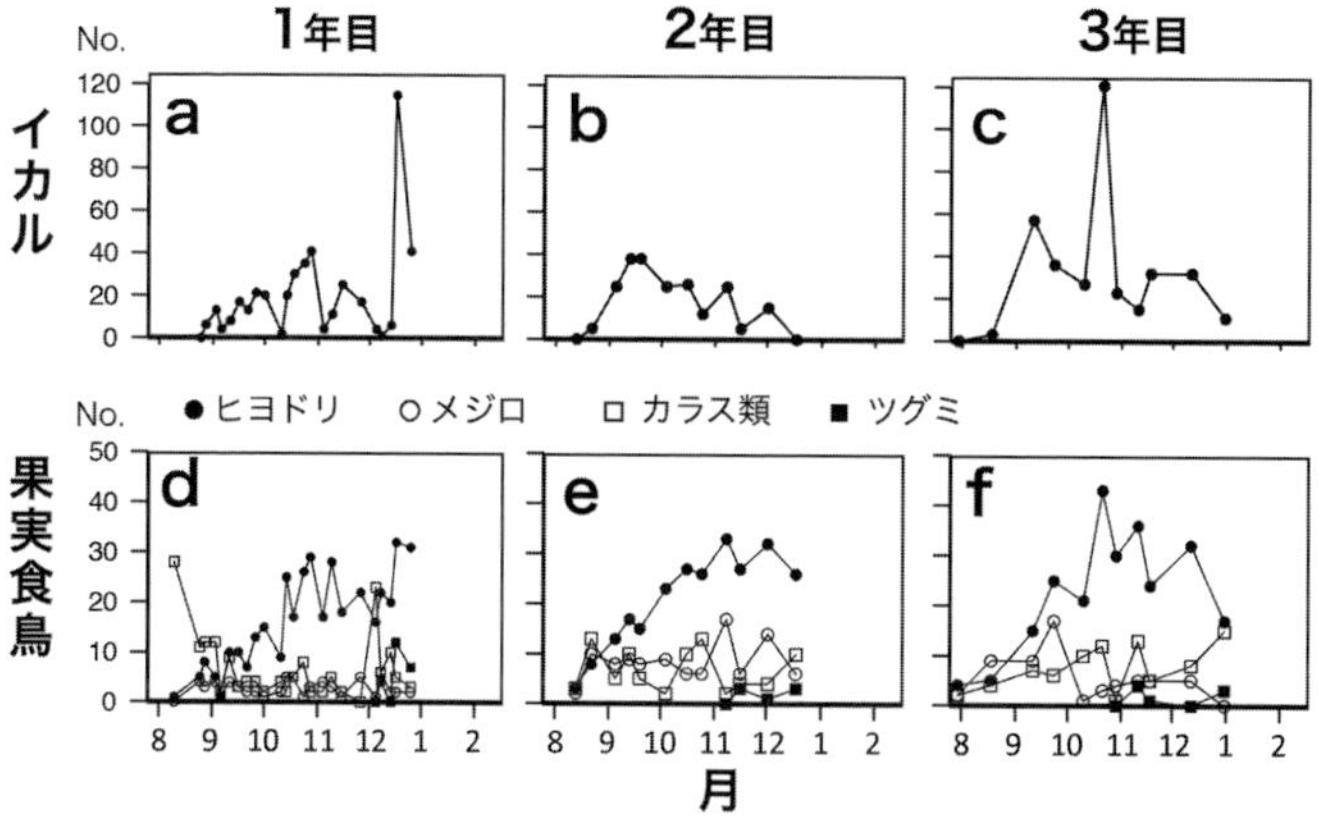

図2・13　理学部植物園周辺におけるイカル（上）と果実食鳥４種（下）の個体数の季節的変化．３年間の結果を示す．イカル個体数は時期によって大きく変動し，そのパターンも年ごとに異なっていた．Yoshikawa et al.（2012）のグラフを改変．

ているのである。

一年目の結果（図2・13ａ）を見ると、九月・十月のイカル個体数はかなり少ないことがわかる。イカルの大群が到着するのが十二月後半になってからだった。それに対して二年目・三年目（図2・13ｂｃ）には、九月・十月にすでに個体数が増加している。このように群れが早く到来したことによって、コバ種子が早々に食べつくされたとみられる。

もう一つ興味深い点は、イカルの存在を介して、エノキとコバの繁殖成功が連動していることである。イカルが好んで食べるコバ果実の消長が、エノキの種子捕食に大きな影響を与えていたことがわかる。コバ果実が樹上に長く残っていた一年目、エノキの種子捕食は非常に低いレベルに抑えられていた（図2・12ｄ）。ほとんど食べられていないと言ってよい。しかし二・三年目は、コバの果実が非常に早い時期に食べ尽くされ、その直後の十月からエノキの捕食量が急増している（図2・12ｅｆ）。イカルはコバを食べ尽くした結果、エノキの方に餌をシフトしたのだ。

なぜイカルはコバの種子ばかり食べるのか？

イカルがコバ種子を強く選好したことは、データに明確に現れていた。だがエノキもコバも同じエノキ属であり、果実や種子のかたちもよく似ている。それなのにどうして、このような大きなちがいが生じるのだろう？　目の前に現れたのが、このイカルの果実選択の謎である。

動物がどのような餌を選択するのかという問題は、古くから研究者の関心を惹きつけてきた。そしてこれに対しては有力な理論的な枠組みが提唱されている。それが「最適採餌戦略」もしくは「最適食物戦略」である。この枠組みをかなり単純化して説明すると、動物は時間あたりに得られるエネルギーを最大化するような合理的な採餌戦略をとり、そういう食物を選好する、ということになる。例をあげて説明しよう。今ここにAとBの二種類の餌があるとする（図2・14）。Ａ一個から得られるエネルギーは十カロリーで、Bは七カロリーである。一方Aは一個食べるのに十秒かかり、Bは五秒かかる。すると採餌効率は、Aが十／十＝一カロリー／秒、Bが七／五＝一・四カロリー／秒となり、Bの方が効率的にエネルギーを取ることができるだろう。つまりBを選択する方が合理的であり、ゆえにこの動物はBを選ぶ、これが最適採餌の大まかな考え方である。

この最適採餌の考え方に立つと、次のことが予想できる。「イカルにとってコバ種子の採餌効率の方がエノキ種子よりも高い」。きっとこの予想が成り立つにちがいない、そう考えて検証を試みた。
予想を検証するためには、コバ・エノキ双方における種子一個のエネルギー量を測り、またイカルが種子を食べるスピードを測定して、採餌効率を計算すればいい。まずエネルギー量を測るには、種子の中身の重さを測り、そこに含まれている粗脂肪・タンパク質・糖分の三つの成分の量を調べる。これでカロリー量が計算できる。粗脂肪を測るには試料が数グラム必要となるが、エノキ類の種子は小さいために、種子が大量に必要になった。ニッパーで種子をひたすら割りつづけ、その数は全部で数千個になった。一方採餌速度の方は、野外でイカルを直接観察して計測した。イカルが果実をくちばしでつまみとって、果肉を剥がし、種子の中身を食べ終えるまでの時間をストップウォッチで計測する（なお最適採餌の観点からは餌の探索にかかる時間も重要であるが、果実は見つけやすいので、探索時間はほとんど考えなくていい）。くちばしをモグモグさせながら種子を処理するイカルは、途中でそっぽを向いたり葉陰に隠れたりするので、なかなかうまく計らせてくれなかったが、それでもなんとか採食時間のデータを揃えることができた。

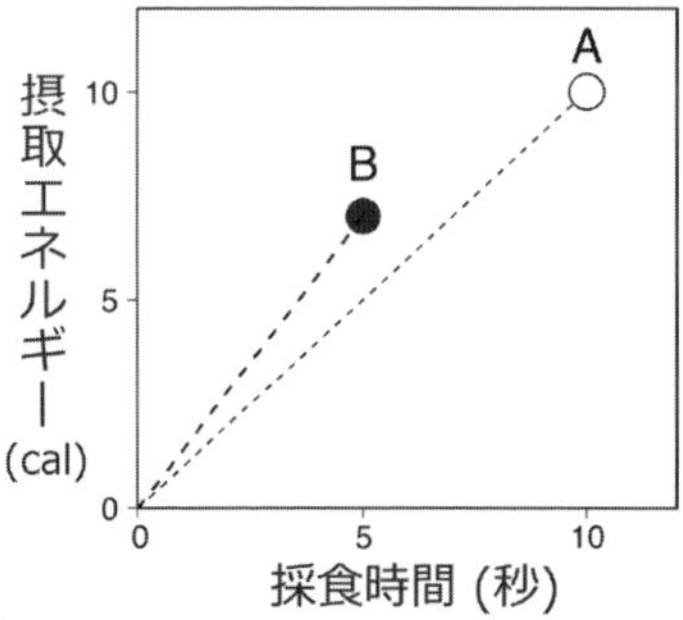

図2·14　最適採餌の模式図．この場合Bの方が採食効率の良い餌である．

こうしてエノキとコバの種子の採餌効率が計算できた。ところがその結果は、思いがけないものだった。どう見てもコバの採餌効率がエノキのそれを下回るのだ（表2・1、図2・15）。グラフで示す

表2・1　コバ種子とエノキ種子の形質の比較．個体の平均値と標準偏差．樹種間で有意差が見られたのがグレーの行の形質である．括弧内は計測種子数(種子あたり処理時間)，あるいは樹木個体数(それ以外)．Yoshikawa et al. (2012)の表を改変．

果実・種子の形質	コバ	エノキ	
種子重 (mg)	38.05±1.54 (3)	47.44±10.64 (11)	n.s.
果肉重 (mg)	16.85±0.81 (3)	60.60±10.74 (11)	$p < 0.01$
内果皮重 (mg)	30.95±1.06 (3)	37.66±7.76 (11)	n.s.
種子硬度 (N)	65.94±7.99 (3)	129.27±25.11 (13)	$p < 0.01$
胚重 (mg)	8.00±0.89 (3)	11.47±2.72 (11)	$p < 0.05$
胚中のタンパク質含有率 (%)	52.42±0.37 (3)	48.82±3.58 (8)	n.s.
胚中の粗脂肪含有率 (%)	34.50±1.06 (3)	42.83±2.33 (8)	$p < 0.05$
胚中の糖類含有率 (%)	5.09±0.67 (3)	4.51±2.16 (8)	n.s.
種子充実率 (%)	78.87±3.46 (3)	77.56±14.93	n.s.
種子あたり摂取エネルギー (cal)	34.11±4.42 (3)	59.62±15.89 (8)	$p < 0.05$
種子（果実）あたり処理時間 (sec)	19.81±10.13 (68)	20.16±10.08 (98)	n.s.
時間あたり摂取エネルギー (cal/sec)	1.72±0.22 (3)	2.96±0.79 (8)	$p < 0.05$

と図2・15のようになる。一体なぜだろう？　詳しく見てみよう。まずコバの種子あたりのカロリーはエノキより明らかに少なかった。その理由はコバの胚の重量が小さく、その中の粗脂肪の比率も小さいためである。一方種子あたりの採餌時間は、コバもエノキも約二十秒で、ほとんど変わりがない。結果としてコバ種子の時間あたりのエネルギー摂取量はエノキの六割にも満たないものとなった。当初の予想とまったく反対の結果が出てしまったのだ。つまり、想定していたような最適採餌の考え方ではイカルの種子選択はまったく説明できない。これでは不合理な選択をイカルがしていることになる。

何か重要なことを見逃していないだろうか？　他にイカルの種子選択に影響する要因はないだろうか？　それで次に目をつけたのが、植物がもつ防御物質である。果実や種子の中には、動物に対して毒や苦味として働く防御物質をもっているものが少なからずある。

たとえばブナ科堅果の多くはタンニンという防御物質を含んでいて、これがネズミの種子選択を大きく左右している(Takahashi and Shimada, 2008)。それならば、イカルの種子の選択にも防御物質のちがいが関わっているかもしれないと考えた。そこで防御物質であるフェノール類の含有量を実験室で測ってみた。ところがこの見込みもハズレだった。フェノール量は種間で変わらず、しかもその量は両種とも非常に少なかった。イカルの選択は防御物質では説明がつかないのだ。

これでは彼らがコバを選ぶ理由がまったく説明できない。どう考えたらよいか途方に暮れることになった。イカルは明確にコバを選んでいるのに、その理由がまったくわからないのは歯がゆい。この謎を解くことはできないだろうか?

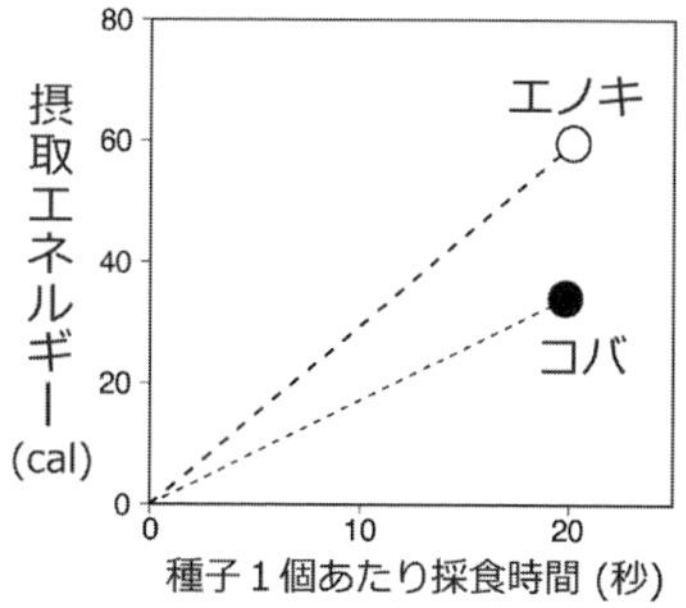

図2・15　コバとエノキにおける種子1個あたりの処理時間と摂取カロリー．明らかにエノキ種子の採食効率の方が良い．

だが突破口は思わぬところからやってきた。それは研究室セミナーでのディスカッションだ。そこで決定的な指摘をくれたのが、研究室の後輩で私と同じく鳥による種子散布を研究していた綱本良啓さん(現・森林総合研究所)である。セミナーでここまでの分析結果を紹介し、イカルがコバを選ぶ理由がわからないと話した時のことである。彼がそこでくれたコメントは、種子の硬さはどうなっているのか、コバの方が軟らかくて砕きやすいのではないか、というものだった。言われてみれば確かに、種子の硬さがイカルの選好に影響しているかもしれない。

私は見逃していた視点だった。調べてみる価値がありそうだ。

そこで種子の硬度測定を試みた。測定には、隣の研究室の先生が木材の強度を調べるのに使われている強度測定装置を利用させていただいた。測り方はこんな風である。まず種子を金属台に置く。次にその上から金属板を下ろしてきて、ゆっくりとプレスしていく。すると「パチッ」と音をたてて種子が砕ける。この種子破砕時の力の強さが硬度であり、ニュートンという単位で測られる（なお一ニュートンは一キログラムの物体に一メートル／毎秒の加速度を生じさせる力であり、約〇・一一キログラム重に相当する）。測定の結果はとても明瞭だった。コバの種子の硬度は約六十五ニュートン、エノキは約百三十ニュートン（表2・1）。コバ種子はエノキの約半分の硬度しかない。イカルにとってコバは、エノキよりずっと砕きやすい種子なのだ。これほど明瞭なちがいがあればイカルの選択と無関係ではないはずだ。

ちなみにこの実験では、コバやエノキとは別に、他のイカルが食べる種子も測定してみた。その一つにイネ科の草本ジュズダマ *Coix lacryma-jobi* がある。長さ一センチメートルほどの流線型をした暗色の種子で、表面に美しい光沢をもっている。和名のとおり、かつては数珠やネックレスの珠としても使われていたという謂れをもつ種子である。触ってみると非常に滑らかで、いかにも硬度が高そうだ。ちなみにジュズダマの種小名 *lacryma-jobi* は和訳すると「ヨブの涙」、旧約聖書・ヨブ記のヨブにちなんだもので、英名もJob's, s tearsという。美しいイメージであるが、イカルはこの「ヨブの涙」を容赦なく噛み砕いて食べる。さて、このジュズダマ種子の硬度を測ってみると、印象どおり、とても硬い。硬度はなんと二〇〇ニュートン、エノキを大きく上回る硬さである。だがこれをイカルは軽々と砕いているのだ。すごい破壊力である。エノキ種子の硬さは、咀嚼能力の限界ではないようだ。ちなみにイカルの死体を解剖したことのある方の話では、くちばしの大きさはもちろん、それを後ろで支える異常に発達している筋肉が印象的だったという。そんな彼らのくちばしの威力が、十分に納得できる測定実験だった。

コバの種子硬度が明らかに低いということはわかった。そしてこれがイカルの種子選択に関わっている可能性はとても高いだろう。では、砕きやすい種子を選ぶという事実と最適採餌の考え方とは、どのように辻褄が合うだろうか？　砕きやすい種子を選ぶことは果たして合理的といえるだろうか？　このような疑問が浮かんでくる。なぜなら砕きやすいコバ種子も、処理時間の点ではエノキとほとんど変わらなかったからである。ここで二通りの考え方が可能だろう。すなわちイカルの選択は合理的だという考え方と、合理的でないという考え方である。そのどちらが正しいのか決着はつけられないが、双方の可能性をすこし考えてみよう。

コバを選ぶことが合理的であり、最適採餌と辻褄が合っているとは考えにくいが、その可能性はいくらか残っている。それは種子を砕くコストを考えた場合である。種子が硬くなると、砕くのに必要なエネルギーが増える。もし硬いエノキ種子を砕くためのエネルギーが大きいならば、それに相殺されて結果的に採餌効率が低くなる、ということもあるかもしれない。もっとも、種子を砕くのにそこまでのエネルギーが要るかどうかはわからない。

一方イカルの選択がそもそも合理的でないという考え方もできる。あまり食べる機会のない新奇な食物に対しては、栄養価が高いにもかかわらず忌避することがありうるだろう。たとえば、種子の硬さを過剰に忌避する傾向がイカルにあれば、今回見られたようなコバ種子の選好が生じるかもしれない。通常の場面では合理的な選択基準が、別の場面では、非効率的な選択になってしまうという、判断のいわば「誤作動」が起こっているのかもしれない。

いずれにせよ、一連の分析から見えてきたのは、動物の食物選択はそれほど単純ではないという事実である。たしかに最適採餌理論は食物選択を理解するうえで有力な枠組みであるが、つねに摂取エネルギーを最大化するように餌を選ぶと考えるのは誤りだろう。最適採餌のレヴュー論文を見ると、この枠組みから外れた行動も少なくことがわかる（Sih and Christensen, 2001）。おそらく餌の選択基準として、摂取エネルギー以外の複数の要因を考慮することも必要なのだろう。また動物が餌選択をする各局面で不合理な選択が紛れこんでくる可能性もある。この研究では近縁の二樹種の選択のケースを調べただけであるが、イカルも他の鳥類も、さらにたくさんの種類の種子から食べるものを選んでおり、その選択基準はさらに複雑かもしれない。動物がどのような食物を選んでいるのかという基本的な問題も、一筋縄ではいかないようだ。

じつは調査途中でイカルがコバ種子を好むことがわかっていらい、コバの方が高カロリーで採餌効率も良いにちがいないと、私は完全に思い込んでいた。だがこの思い込みは、栄養分析によってあっさり否定されてしまったのだ。先入観でわかったつもりになるのは怖いなというのが、この研究で得られた最大の教訓だった。何事も調べてみないとわからない。このことを実感できたという点で、今回の分析の経験は個人的に大きな意味があったと思っている。

この分析から学べた、もう一つの大切なことは、当初の予想からはずれた「残念な」、「期待はずれの」結果が得られた時こそ、視点を転換するチャンスかもしれないということだ。ずっと後で知った言葉だが、分子生物学の黎明期に活躍された生化学者の江上不二夫先生に「実験が失敗したら大喜びしなさい」という言葉があるという(笠井、二〇一三)。江上先生の言わんとするところは、考えていた仮説や目論見が外れて途方に暮れた時こそ、研究の転換点であり、新たな発展のきっかけになるということだろう。私の場合そんな大発見ができたわけではないけれども、この謎解きを通して、自分の視点が揺らがされるスリリングな感覚をいくらか体感することができた。そんなふうにして、この言葉の意味を理解することになった。

なぜイカルによる種子捕食は年変動するのか?

それでは次の問題に移ろう。それは、年によって種子捕食・種子散布のパターンが異なっていたことだ。なぜこのようなちがいが生じるのだろうか? その直接の理由は、イカルの渡りパターンが年によって変化したからである。一年目はイカルの渡りが遅かったためコバ果実が長く樹上に残り、少量の種子は散布されることができた。それに対して二・三年目はイカルが早く到来し、コバの種子散布は絶たれた。このように説明することが可能だ。

ではなぜ、こうしたイカルの渡りの年変動が、あるいは果実食鳥の渡りの年変動が起こるのだろう？この問いは、今回の調査データだけでは、まったく答えることができない大きな問題であり、手持ちのデータと状況証拠を組み合わせて考えるほかない。まず、イカルの渡りが遅れた一年目は、やや特異な年であったことがわかっている。当時私が参加していた近畿地方の鳥類愛好家のメーリングリストでは、その年関西各地で冬鳥の渡りが大幅に遅れていることが話題となっていた。また後にわかったことだが、この年の冬鳥の遅れは日本各地で共通した全国的なトレンドであったようだ。このような広域的な鳥類の渡りのパターンが、どのような要因によって、どのようなメカニズムのもとに起こっているのかは、ほとんど未解明の問題である。

おそらく種子食鳥や果実食鳥の渡りの規模・タイミングは、その鳥が通過する地域の果実や種子の豊凶によって大きく左右されるとみられる。たとえば北米ではアトリ科の種子食鳥数種の冬の渡来数が、北部の針葉樹の豊作・不作によって、大きく変わってくるという事例がある（Koenig and Knops, 2001）。このことを考えると、イカルが繁殖期を過ごす北日本における果実の豊凶、あるいは沿海州など大陸地域での果実の豊凶も考慮する必要がでてきて、非常に大きな空間スケールの問題になってくるだろう。つまり植物園というきわめてローカルな場所での現象は、より広域スケールの現象を反映し、それと連動していたことになる。

一方で、もっと狭い地域内での食物分布パターンも重要である。理学部植物園で見られたイカルの個体数変動の一部は、その群れが京都盆地まわりの森林を移動するようすを反映していたとみられる。市内の他の緑地や森林でも、イカルの群れが急に現れたり消えたりすることをよく経験した。これは、ある場所の食物がなくなると別の場所に移動するという、イカルの群れの移動パターンを反映しているとみられる。このような比較的狭い範囲でも食物資源量の消長に呼応してイカルは移動しているのだと考えられるが、この問題も手付かずである。

理学部植物園でのイカルたちと樹木との相互作用のなりゆきは、植物園のなかだけで決まるわけではなく、鳥たちの渡りや移動のパターンを介して、その外側で起きているプロセスと深い関わりをもっている。とても広い空間スケールでの果実の豊凶と、あるいはもっと狭い空間スケールでの種子資源の分布とも、連動しているといえるだろう。ある場所における鳥と植物との関係は、その場所のなかだけで閉じているわけではなく、もっと広い空間の視点から見つめる必要がある。その重要性が、この小さな閉じた場所で調査を深めるにつれ見えてきた。この「裏庭」で起きていることを理解するには、その外側の状況も理解する必要があるのだ。

コラム　鳥が群れることのインパクト

イカルによる種子捕食が植物に強いインパクトを与えた理由として、この鳥が群れをつくるという点は大きい。種子食鳥のなかには群れをつくる種が少なくないが、イカルもその例に漏れず、越冬期には大きな群れをつくる(口絵2)。理学部植物園で見られた群れは、最大百二十羽程度だったが、別の場所では数百羽に達する巨大な群れが現れることもある。私が関西周辺で観察したかぎりでは、こんな巨大な群れは一月から四月に現れることが多い。一方秋口に見かけるのは数羽程度の小集団である。どうもこれは親子からなる家族群であるようだ。というのも、この群れのなかで成鳥が若鳥に給餌しているのをしばしば見かけるからだ。成鳥はエノキやコバの種子をついばんで砕いては口移しで若鳥に与えていた。一方、季節が進んで一月以降になると、イカルは林床に落ちた堅果類、とくにスダジイやツブラジイのドングリを主要な食物としていた(吉川、二〇〇七)。京大近くの吉田山や東山周辺にはツブラジイを主とした常緑樹林があり、その林床には冬場たくさんの堅果が落ちている。この堅果を食べるために、数百羽のイカルが大集合することがある。このような群れがやってくると山全体はイカルの声に包まれて、ちょっとしたカオスである。群れは嵐のようにやってきて、数日間その場に滞在し、そして去っていく。その後で林に入ってみると、堅果は食べ尽くされ、破壊された果皮ばかりが地表に散乱している。樹木にとっては阿鼻叫喚といっていい事態だろう。こんな群れに襲われれば、植物は破滅的な被害を受けるにちがいない。

　種子食鳥の群れによる種子捕食は、局地的・偶発的な現象かもしれないが、植物繁殖に甚大な被害を与える現象だ。イカルよりさらに巨大な群れをつくる種子食鳥として、アトリ *Fringilla montifringilla* という鳥がいる。冬鳥として日本に渡来する、スズメくらいの大きさの小鳥である。この鳥は液果をそれほど食べず、ブナなどの小型堅果やカエデなどの風散布種子を食べる。この鳥の渡来数は年により大きく変動し、多い年には数万羽からなる、まるで雲のような大群が現れて、ブナなどの種子を食べることが観察されている。このような現象はブナの更新過程に、たとえ局地的だとしても、決定的な影響を与えているかもしれない。このような種子食鳥の群れによる種子捕食を予測するためには、どのような規模の群れが、どのように形成され、どのように移動するのかということを把握することが必要だろう。このような問題を解明する第一歩は、広域的な果実・種子の分布と鳥類個体群の分布をモニターし、その時間的な変化を把握することである。そのような観測体制を整えることからはじめる必要があるだろう。

コラム　イカルを飼う日々

研究をはじめてしばらくして、一羽のイカルを飼育する機会に恵まれた。通常個人が野鳥を飼うことは「鳥獣保護管理法（鳥獣の保護及び管理並びに狩猟の適正化に関する法律）」で禁じられているが、私のいた京都市には傷病鳥獣の里親制度というものがあり、知人の紹介によりこの制度を利用してイカルを預かることになった。他の自治体にも同様のボランティア制度があるようだ。この制度は、傷ついて野外復帰の難しい鳥獣を市民が里親となって飼育するというものである。毎年度飼育許可申請をするという手続きは必要だが、その他にはとくに制約はない。飼育個体を研究に使うことはできないが、身近で接していると何か研究のヒントが得られるかもしれない。そう思って飼ってみることにした。

私の預かることになったイカルは、建物にぶつかって落ちていたところを親切な人に拾われて、動物園で治療されていたものである。ガラスにぶつかった衝撃で翼の片方が折れており飛ぶことができず、野外復帰も不可能な状態にあった。片方の目はつぶれ、くちばしには大きなヒビが入っている（応急処置としてボンドで固めてある）。こんな満身創痍といっていい状態だったが、健康ではあったようだ。連れ帰ってしばらくすると、野外の個体と変わりない、よく通る朗らかな声で歌いはじめた。なおイカルはオスもメスもさえずり、外部形態もちがいが見られないため、最後まで性はわからなかった。

自宅のベランダに鳥かごを置いてイカルを飼い始めた。餌はペットショップで売っている麻の実、アワ、ヒエ、青菜の粉末、それとすり餌（魚粉などが混ざった粉末）。これらを混ぜて与えるとイカルは元気よく食べた。時々このメニューにエノキ種子も加えてみた。前から気になっていたのは、もしかするとイカルは種子を壊すことなく排出することがあるのではないかということだ。そこでエノキ種子を食べさせる度に糞を注意深く調べてみたが、糞はどれも滑らかなペースト状で種子の姿形が残っていることはまったくなかった。アワやヒエのような小型の種子を食べたあとの糞でも同様で、これでイカルが種子を散布することはまずないと確信することができた。

そう長くは生きないだろうという予想に反して、このイカルは元気に過ごし、けっきょく五年半もともに過ごすことになった。動物園から引き取った時点ですでに成鳥で、そこから五年半生きていたので少なくとも七年半は生きたことになる。ただ残念ながら、手乗りのインコやブンチョウのように慣れるまでには到らなかった。もともとイカルは警戒心の強い種であるうえ、飼いはじめたのが遅かったこともあるだろう。

このイカルを自分の身近において飼っているうちに、気付いたことがいくつかある。研究には無関係な「トリビア」であるが、おそらく誰も知らないことなのではないかと思う。ここに書き記しておきたい。

一つはごく小さな声で歌う奇妙なさえずりである。イカルは「キーコーキー」という、大きくてよく通るさえずりが特徴だが、これとは明確に異なる、ごく小さな声の歌があることに気づいた。その節回しを言葉で表すのは難しいが、通常のさえずりをくぐもらせたような感じである。ある種の鳥は繁殖期前、さえずりを短縮した「ぐぜり」という複雑な声を出すことがあるが、イカルの声はこれとも異なり、もっとゆったりしたものである。雰囲気としては、モズが他の鳥のさえずりをまねる時に出す繊細な声と似ているかもしれない。不思議なことにイカルがこの歌を発するのは、特定の高音の物音に反応するときに限られている。そしてこのトリガーが変わっているのだ。パトカーや救急車のサイレン音、道路工事でアスファルトを削る音、あるいは急に強く降り出した夕立が路面を叩く音などで、こうした音が聴こえてくるとイカルは急につぶやくように歌いはじめる。ほんの五メートルほど離れると聞こえないほど小さな、独り言のようなさえずりである。このような声を野外で聴いたこともないし、その音量から言ってもまず聴きのがしてしまうにちがいない。この声は単なる偶発的な独り言のようなものなのだろうか？　それともきわめて近い距離にある個体同士でのコミュニケーションに使われているのだろうか？　その意味や機能はまったく見当がつかない。飼っていなければその存在に気づくことすらなかっただろう。

もう一つは黄砂に対する反応である。春先の三月や四月の頃、中国から黄砂が飛来して空がひどく霞む日がある。そのような日に鳥かごの飲み水用の容器を見ると、水量がふだんより大きく減っている傾向があった。残った水の量をきちんと測定しているわけではなく、またイカルが飲んでいたのか、水浴びに使っていたのかは確認することはできなかったが、黄砂に対して何らかの反応はしているようだ。半分妄想であるが、もしかすると野外でも黄砂の存在が鳥類の生活や行動パターンに影響を及ぼすことがあるのかもしれない。

鳥に散布された種子、散布されなかった種子のゆくえ

ここまで、イカルの種子捕食がコバ・エノキの両種に与えた影響を詳しく見てきた。それでは、イカルに食べられなかった種子、つまり、果実食鳥たちに散布された種子や散布されずに落下した種子は、どうなっているのだろう？　このことも気になったので、植物園の調査を進めるかたわら、いくつかの実験をはじめていたのだ。そこから、種子散布者の鳥たちと液果との関係の、意外な側面を垣間見ることができた。

鳥たちがどこに種子を運んでいるのかという問題は、鳥を追跡することがほぼ不可能なために難しい。そこでこの研究では果実食鳥の採食のもつ、別の側面に着目した。それは果実食鳥に食べられることと、種子の発芽との関係である（図2・16）。

植物園のエノキ果実は、ヒヨドリやメジロ、カラス類、ツグミ類などの果実食鳥が食べて散布していたことがわかった。初夏から冬までの長い期間、これらの鳥が果実を呑み込み、果肉を消化して、種子だけにして排出する。そのことは、シードトラップの中の排出種子の季節パターンを見るとよくわかる（図2・12g h・i）。また一部の鳥は初夏に、十分熟していない緑色の果実も食べていることがわかった。シードトラップの中にしばしば緑色を帯びた種子が見つかるのである。また、鳥に食べられずにそのまま地面に落ちる果実も少なくない。とくに十一月頃の落葉時には、かなりの量の果実が地面に落ちてくる。これらさまざまな運命をたどる種子は、その後どうなっているのだろうか？　ちゃんと発芽できているのだろうか？　これが問題である。

図2・16　エノキの実生．双葉が出たところ．

かつては、液果の種子が発芽するためには、動物の体内を通過することが不可欠だと考えられていた。とくに動物体内で種皮に傷がつくことが発芽に必要だとされていたのである。この説は現在も一般書などで目にすることがあるが、研究の積み重ねによって、実際はあまり正しくないことがわかってきた。たくさんの研究者たちが発芽実験で明らかにしたのは、多くの場合、動物が排出した種子の発芽率は、人の手で果肉をとりのぞいた種子の発芽率と変わりないことだ（Robertson et al., 2006）。一方で、果肉がついたままの種子はほとんど発芽できないこともわかってきた。つまり、種子の発芽に必要なのは、動物の消化管を通過すること自体ではなく、まわりの果肉がとりのぞかれることなのだ。果肉を残した種子が発芽できないのは、果肉中に発芽を抑制する物質があるためである（Yagihashi et al., 1998）。だがたとえ鳥に食べられなくても、地面に落ちれば菌類や昆虫によって果肉は分解されるため、落下果実中の種子の多くは無事に発芽できることもわかっている（Yagihashi et al., 1999）。

つまり、種子が動物の体内を通過することは、発芽の必要条件ではないわけだ。エノキ種子のなりゆきに私が興味をもった時、このことはすでによく知られていた。発芽に関しては果実食者の役割はそれほど大きくないという、すこしおもしろみに欠ける結果ではある。

けれども私は、エノキの種子の発芽に何か別のおもしろい性質がないかとすこし期待もしていた。というのもこの樹は、成熟果実を非常に長い期間梢につけるという、変わった特徴をもっているからである。オレンジ色に色づいた果実が七月後半に現れ、そこから十二月頃まで半年近くにわたり果実をつけている。他の樹種でも、同じような長い結実期間をもつものは少なくない。そこでこうした植物では、長い結実期間に応じた何らかの種子発芽戦略、たとえば、時期による発芽特性のちがいがあるのではないかと考えていたのだ。植物の中には、一個体の種子のなかに、形態や発芽特性の異なる複数タイプがある種が知られている。種子異型性と呼ばれるこの戦略は、環境の変動が大きい条件下で子孫の生存率を高めるのに有効だと考えられている（小山、一九九八）。このような多彩な種子発芽戦略をエノキももっているのではないか、それが私の期待していたことだった。またこういった可能性を検証するとともに、未成熟で食べられた種子や、そのまま落下した果実のなかの種子がどうなるのかも知りたかった。

いろんな種子を播いてみる

そこでエノキ種子の発芽実験を試みた。実験を行った場所は、理学部植物園から歩いて五分ほどの、京都大学フィールド科学教育研究センター・北白川試験地の苗畑である。この発芽実験はつぎの二つの設定のもとでおこなった（図2・17）。

第一の実験（図2・17a）で調べたのは、異なる季節に鳥が散布した種子がどうなるか、である。エノキの木から八月・十月・十二月という三時期に果実を採ってきて、まわりの果肉をとりのぞき、種子だけを地面に埋める。そして発芽の状況を観察した。当初の私の目論見では、播いた季節が異なると発芽パターンが大きく変わってくるはずであった。なおこの実験では、光条件の影響も考慮して、通常の日向の場所と被陰した場所の二条件の苗畑を作った。つまり三つの時期に採取した種子を、二つの光条件のそれぞれに均等に播いて、その後の発芽状況を見ていくことにした。

第二の実験（図2・17b）で調べたのは、樹から落ちた果実がそのまま発芽できるかどうか、である。さきほど触れたように、鳥が種子発芽に及ぼす影響は、実質的に果肉をとりのぞく効果だけだというのが研究者の一般的な理解になっていた。これがエノキでも当てはまるのか、念のため確認しようと思い、果肉をのぞいた種子と果肉を残した種子（つまり通常の果実）を埋めて比較することにした。だがこの実験では一つだけ、ちょっとした工夫をした。それは未熟果実も実験に使ったことである。未熟果実も鳥に食べられていることを知っていたので、その種子が発芽できるのかも気になっていたのである。そこで八月に果実をサンプリングした際、枝についている緑の未熟果実も加えてみた。つまりこの実験では、果実の成熟度二つ（成熟と未熟）と果肉の処理二つ（果肉とりのぞき 対 果肉残し）の組み合わ

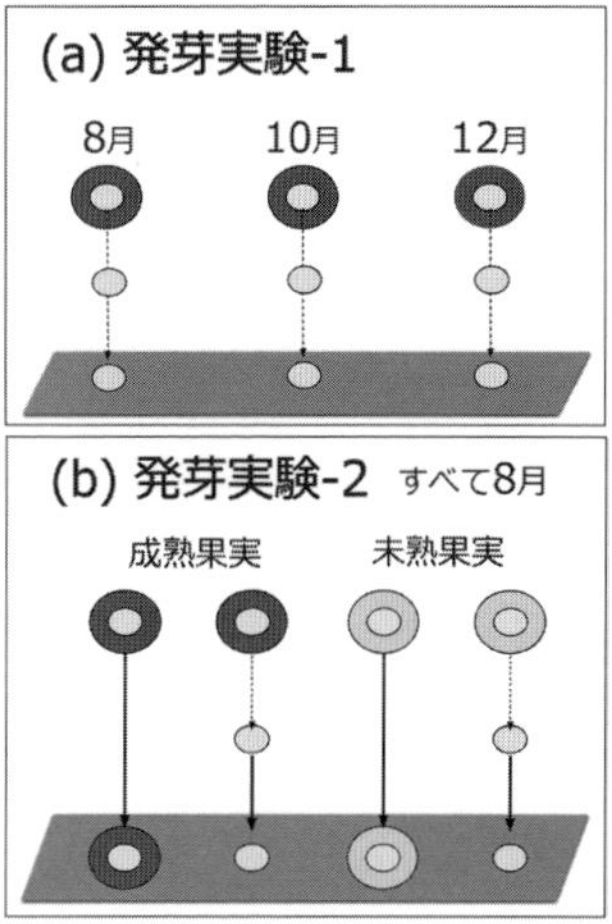

図2・17　エノキの発芽実験の概要．実験1：3つの時期の果実を，苗畑の明るい場所と暗い場所にそのまま埋めた．実験2：8月に採取した果実果実と未熟果実を，果肉をつけた状態と果肉を剥いだ状態で埋めた．

せで、計四処理の種子を埋めたのである。先回りして言ってしまうと、ほんのおまけだったこの実験設定が、意外な結果を生むことになった。

第一実験の最後の播種が十二月に終わり、そのあと種子が発芽してこないかを定期的にチェックしていく。どの種子も冬場にはまったく発芽せず、はじめて芽生えを見ることができたのは翌春四月はじめごろだった(図2・16)。四月になると急に多くの種子が発芽しはじめる。その後新しい芽生えが出てくるペースは落ち着くが、梅雨時より後に出てくるものもあり、だらだらと続いていった。二週間ごとに苗畑に行って、それぞれの種子について発芽したかどうか、実生の高さ、葉の枚数の記録をおよそおこない、これを秋まで続けた。さらにエノキ種子は休眠することも知られていたので、念のため第一の実験については翌年も四月から同様にモニタリングを続けていった。

このように、種子の発芽を定期的にチェックしていたのだが、残念ながら当初期待していた播種時期によるちがいはあるようには思えなかった。本命の第一実験のデータを途中で集計してみたのだが、結果は思わしくない。どうも実験は失敗のように思えてきた。そんなこんなで、博士論文執筆の準備が忙しくなったこともあり、そのデータを放置してしまった。じつを言うと、この発芽実験のデータをあらためて分析する気になったのは、博士の学位を取得して一年以上経った頃だった(のちの章で紹介するように、私は学位を取得した後東京大学に移って研究員になっていた)。期待外れのネガティブな結果でも、報告しないよりはした方が良いだろう。そう考えてデータの分析をはじめた。

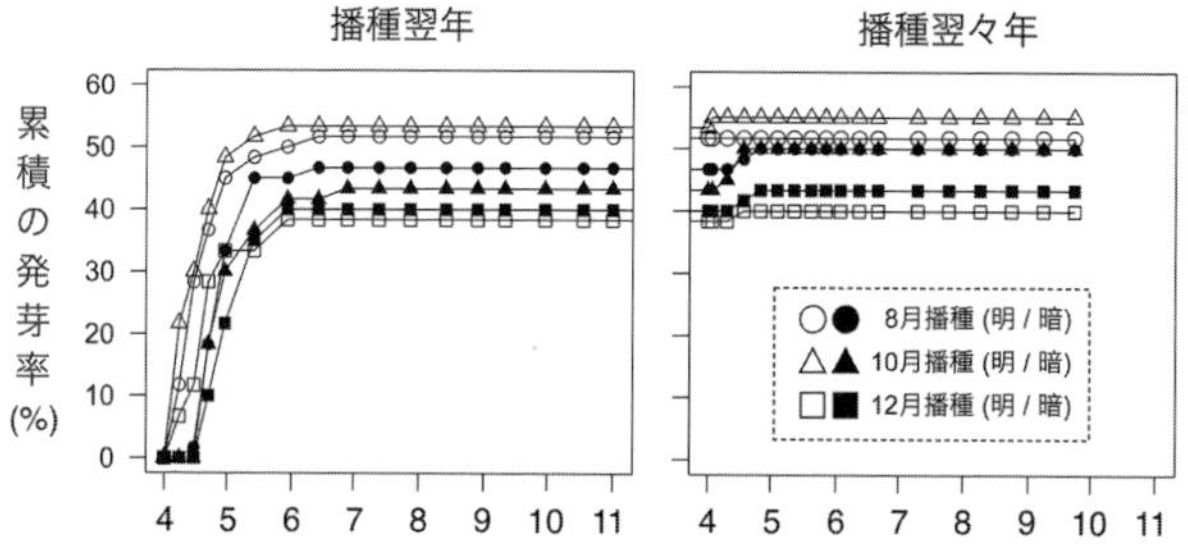

図2･18　発芽実験1の結果．種子を播いた翌年と翌翌年の累積発芽率を示す．○8月播種・△10月播種，□12月播種．白色は明るい場所，黒色は暗い場所の結果を示す．播種時期による発芽率のちがいは見られなかった．Yoshikawa and Isagi（2014b）のグラフを改変．

まず、異なる時期に種子を播種した第一実験のデータを解析してみた。やはり現場での印象どおり、エノキ種子の発芽率は播種時期が異なってもほとんど変わらなかった（図2・18）。成熟後のどの時期に鳥に食べられても種子の発芽率には差がないのだ。ただ発芽のタイミングについては、十月・十二月採取の種子では八月採取の種子よりもやや遅くなるという傾向が見られた。遅い時期に蒔いた種子では休眠種子が増え、播種二年目での発芽の割合がすこしだけ増えていた。このような発芽タイミングにおける小さなちがいはあったものの、残念ながら散布時期による発芽率のダイナミックな変化は見られず、計画当初に予想していたシナリオは却下されたわけである。

鳥が食べると発芽できない？

だが、おまけでやってみた第二の実験から、とても奇妙なことが見えてきた（図2・19）。果肉の有無の効果を、成熟果実と未熟果実で調べた実験である。まず成熟果実／種子の結果を見てみる

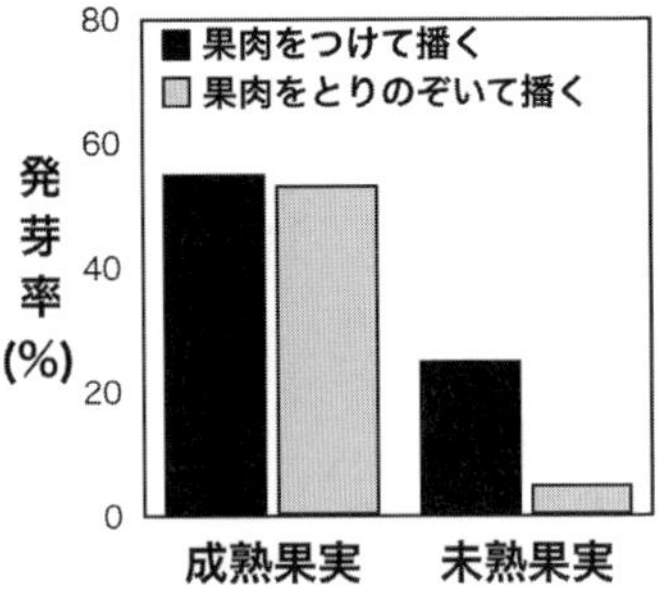

図2･19　発芽実験２の結果．成熟果実内の種子は約50％が発芽したが，未熟果実は発芽率が低かった．とくに果肉をとりのぞいた種子はほとんど発芽しなかった．Yoshikawa and Isagi（2014b）のグラフを改変．

と、果肉を残した種子ととりのぞいた種子の発芽率はどちらもおよそ五十パーセントで、差は認められなかった。これは、果実の中に残った種子が、鳥に散布された種子と同等に発芽できることを意味している。おそらく果肉が自然に分解されて、その発芽抑制効果がリセットされるためだろう。だが奇妙なのはここからだ。未熟果実の場合、果肉をとりのぞくと種子発芽率が大幅に低下していたのである。その発芽率は五パーセントに満たない。つまり、果実食鳥に食べられて果肉がとりのぞかれると、種子がほとんど発芽できなくなるのだ。こんな現象はいままで報告されたことがない。

この結果は何を意味しているのだろう？　本来は追加実験をして、突きつめていきたいところだが、残念ながら未だできていない。またエノキ以外の樹種でも同様の現象があるのかはわかっておらず、これも調べる必要がある。未熟果実から果肉をとりのぞくと種子が発芽できなくなる原因は、いくつか考えられる。一つは、この時期の種子は外部からのストレス（たとえば乾燥）に対して脆弱であるため、それに対する防御となる果肉を失うと発芽できなくなるという可能性だ。もう一つ考えられるのは、未熟果実のなかで起こっている種子と果肉との間の働きかけが、種子のさらなる発達（後熟）に必要だという可能性である。たとえば果肉中にある物質が、胚の発達と完成に必要なのかもしれない。このあたりのメカニズムも解明していく必要があるだろう。いずれにせよ、果肉は単なる「おまけ」ではなくその役割は私たちが思う以上に多様であるようだ。

これまで液果の発芽試験は世界各地でおこなわれてきたが、こうした現象はまったく未報告である。だがそれは当然といえば当然である。通常未熟果実は鳥が食べるとは考えないから、発芽実験の対象にしないのはふつうだろう。しかし植物園で観察したかぎりでは、カラス類は未熟果実を食べて種子を散布していることが多かった。今回の実験結果から推測するに、これらの種子が発芽して成長していくのはとても難しいだろう。

一方植物の立場からこの結果を考えると、動物が未熟果実を食べないようコントロールすることがいかに重要なのかが見えてくる。果実が未熟のうちに食べられてしまうと発芽できないから、種子散布者に適切なシグナルを送って、彼らがいつ果実を食べるかをコントロールすることが大切なのだ。そう考えると、こういったシグナルがいろいろあることに気づく。まず果皮の色が、成熟にしたがって変化するということじたい、動物に対して成熟段階のシグナルを送っていることにほかならない。また液果のなかには未熟のうちは有毒だが成熟すると無毒になるものもあり(Ehrlen and Eriksson, 1993)、これも動物が果実を食べる時期を限定するため進化したと考えられる。このような果実の発達段階を示すシグナルは、ほかにもありそうだ。たとえば果実の取れやすさ、柔らかさといった力学的な性質もそうかもしれない。

通常鳥たちは果実の成熟具合を確認し、食べるかどうかを判断しているとみられる。ではなぜカラス類は、そうした原則を破って、未熟果実を食べていたのか？　その理由はまったくわからない。また他の液果に対してもこのような食べ方をするのかも不明である。

果実を呑み込んで食べる種子散布者たちも、いつも無条件で植物の「味方」になるわけではない。場合によっては植物を害する存在になることもあるのだ。散布者がいつ果実を食べるかによって、散布への貢献度が異なってくるという視点は、これまでほとんど研究されてこなかった。その重要性がこの発芽実験から、思いがけなく見えてきたのである。

残念ながら、データを調べるのが遅れたために、せっかく見つけたおもしろい現象を突き詰めていくことができなかった。もっと早く気づけばよかったと後悔しているところだ。そこで思い出したのが、指導教官であった菊沢さんがかつてよく言われていたことだった。採ったデータはその日のうちに整理して見直しなさい、という言葉である。そうすれば野外で起きている現象に即座に気づき、新たな視点から研究を発展させることができるという意味だろう。この言葉は完全に聞き流していたが、その大切さを今回の実験で理解することになった。

今回の実験では、やや突飛な実験設定を加えたことで、エノキ種子の隠れた振る舞いを垣間見ることができた。このような発芽実験は、時間こそかかるが、家庭菜園ほどのスペースさえあれば、どこでも簡単にできるものである。なので、もし興味をもった方がいらっしゃれば、気軽にはじめることをお勧めしたい。身近な樹種の種子の振る舞いについても、わかっていないことは山ほどあり、すこし工夫をすれば、植物の生きるための戦略が思いがけず見えてくる。それはとても楽しい経験だ。

コラム　液果の果肉の隠れた働き

種子のまわりにある果肉は、動物が種子を運ぶことの見返り（報酬）となる。果肉の中にある糖分や脂肪、タンパク質は、鳥類にとって貴重な餌資源だ。だが果肉には、こうした栄養分の他にもさまざまな物質が含まれている。そしてそれらは、種子の生理的な環境を調整するだけでなく、動物との相互作用のあり方にも複雑な影響を与えていることがわかっている。そのいくつかを紹介しよう。

まず果肉には、食害者に対して種子を防御する防御物質・二次代謝物質が含まれていることがある。果肉を不味くする、あるいは有毒にする物質である。種子には、害を与える動物や昆虫、あるいは菌類や病原体などがたくさん存在している。それらに対する防御として、この二次代謝物質はとても有効である。ただここで気になるのは、二次代謝物質のせいで種子散布者も果実を忌避して種子散布を妨げてしまうのではないか、ということである。つまり、植物はジレンマに直面している可能性がある。このジレンマについては、ナス科のナス属 *Solanum* やトウガラシ属 *Capsicum* の液果で詳しく研究されている（Cipollini and Levey, 1997; Tewksbury and Nabhan, 2001）。ナス属の一種では、果肉中にグリコアルカロイドという二次代謝物質があり、これは捕食者からも散布者からも避けられていることがわかった（Cipollini and Levey, 1997）。つまり、種子捕食を妨げると同時に種子散布も妨げていた。これに対して、野生のトウガラシ属の一種では事情が異なっていた。トウガラシの辛味成分であるカプサイシンは、種子散布者には影響を与えることなく、捕食者や菌類にだけ忌避効果があり、食害を防ぐ物質として機能していることがわかっている(Tewksbury and Nabhan, 2001)。ジレンマを避けることができる、見事な適応である。

また興味深いのはこれら果肉中の二次代謝物質が、動物体内に種子が滞留する時間を変えている可能性である(Wahaj et al., 1999; Baldwin and Whitehead, 2015)。種子の体内滞留時間が伸びると、遠くに散布される確率が高まる。実験的に二次代謝物質を加えた果実を鳥に食べさせたところ、種子滞留時間が伸びたことが報告されている。

果肉の中でも種子に一番近い部分には別の機能がある。哺乳類に散布されることが多い果実では、種子の周りにぬめりのある部分があり、歯で噛み潰されているのを防いでいる。カキやビワ、アケビの実のまわりにある、ヌルヌルした部分がこれである。

また果肉に含まれるフラボノイドなどの抗酸化物質が、果実を食べた動物の免疫系に作用し、健康状態に影響する可能性もあるという(Catoni et al., 2008)。この研究によると、鳥の果実選択にもフラボノイドの量が関わっているという。これに関する研究はまだそれほど進んでいないが、もし本当だとすればとても興味深い。これらの抗酸化物質は鳥の羽毛の色素にもなり、羽色の鮮やかさにも関連するため、メスがパートナーを選ぶ性選択にも影響しているかもしれないからだ。たとえば、オスの方が液果を好んで食べる、あるいは液果を多く食べるオスほど適応度が高い、なんてことがないかと想像が膨らむ結果である。

このように液果の果肉はさまざまな働きを秘めている。まだ見落とされている機能があるのではないかと思って興味をもっている。

第3章

書庫というフィールド、観察データというフィールド

鳥と果実のつながりを見る

「書庫」での研究をはじめる

大学院の期間を通じて、理学部植物園という一つの「裏庭」で、イカルとエノキ属のあいだの相互作用を定点観測してきた。長い時間がかかり、さまざまな紆余曲折を経たけれども、イカルという種子食鳥にまつわる興味深い現象を明らかにすることができた。種子食鳥による液果の種子捕食という、これまであまり省みられなかった現象を明らかにし、それが植物繁殖において重要になることを示せたのは、ひとつの成果である。

だがこの研究の途中から、それと並行するかたちで、私はまったく別のアプローチの研究にも踏み込むことになった。それがもう一つの場所、すなわち「書庫」での研究である。ここでは文献情報や観察記録というものに分け入ることによって、鳥と液果の関係について、これまでと別の問題に取り組むことになった。それは、「森林生態系のなかで鳥類と液果はどのようにつながっているのか?」という問題である。森林のなかには数多くの種類の液果があり、それを食べる数多くの鳥たちがいる。これらの液果と鳥たちは、どのようなつながりをもっているのか?

だがどうして、こうした路線変更をする必要があったのか、そこに疑問をもたれるかもしれない。その理由の一つは、これまでの「裏庭」でのフィールド研究に限界を感じていたということがある。ある種、なりゆきと思いつきではじめてしまったところのある植物園の研究は、進めていくにつれていろいろな限界が見えてきた。

そしてここで言う限界は、私が対象としていた鳥類と液果のシステム自体がもつ性質とも関わっている。じつは、鳥の種子散布の（短期間の）フィールド研究自体にさまざまな限界があるということが、世界中の研究者から指摘されるようになっていた。そうした限界を意識して、まったく別の視点の研究を模索していたのだった。

フィールドでの種子散布研究にはどのような限界があるのか？　それを理解していただくためには、すこし回り道になるけれども、種子散布のこれまでの研究の歴史を振り返ってみることが役に立つと思う。今まで世界中の大勢の研究者が、種子散布をめぐる鳥と植物の関わりを追い続けてきた。そうして徐々に知見が集まってくるにつれて、両者の関係に関する新たな見方が生まれてきたのだ。その新たな見方を紹介するためにここで、種子散布研究の歴史の転換点に立つ、一人の研究者に登場してもらい、彼の研究が投げかけた波紋をみるところからこの章をはじめたい。

十二年の研究の重み

スペインの研究者カルロス・ヘレラは、一九七〇年代から液果とそれを食べる鳥たちの相互作用を調査しつづけてきた、この分野のエキスパートである。彼は動物と植物の相互作用、共進化をめぐる研究領域を、広く深く追求してきた。その研究対象は、散布者と液果の関係だけでなく、送粉者と花の関係にもおよぶ。その双方の分野で新たな視点を切り開いてきたパイオニアである。

彼の種子散布分野でのライフワークともいえる仕事が、鳥と液果の相互作用の長期モニタリングである（Herrera, 1998）。研究の舞台はスペインの南部、乾燥した硬葉樹林に設けられた、広さ四ヘクタールの調査プロットである。そこはセイヨウヒイラギガシ *Quercus ilex* やガマズミの一種 *Viburnum tinus* が優占する疎林で、ヨーロッパコマドリ *Erithacus rubecula* やズグロムシクイ *Sylvia atricapilla* といった鳥たちが果実を食べ、種子を運んでいる。そこで彼は何を調べたのか？ 彼がおこなった調査自体はわりと単純だ。秋から冬の時期に、調査プロットの中の樹木を調べ、そこに実った果実の数を数える。カスミ網をはって鳥を捕まえて数をカウントする。そして捕まえた鳥に糞をさせ、そこから種子を取り出し、鳥がどの植物の種子を運んでいたのかを調べる。さらには果実を集めて栄養成分を調べる。彼が調べたのは、こんな単純なことである。だが彼はそれを、一九七八年から一九九〇年まで、十二年間にわたって繰り返し調べたのだ。

その成果が、彼が一九九八年に『Ecological Monographs』誌に発表した論文（Herrera, 1998）であり、これは種子散布研究において記念碑的といえる仕事である。この長年の調査から見出されたのは、時間的にダイナミックに変動する、鳥と液果の関係のあり方だ。まず果実のカウント調査から見えてきたのは、液果各種の結実量が年によって大きく変動する有り様である。果実が豊作の年もあれば凶作の年もあり、群集全体の結実量の変動幅は十倍以上におよぶ。さらにカスミ網の捕獲調査からわかったのは、それぞれの鳥の個体数も時間的に大きく変動することだ。この森林で見られる鳥類群集は季節によっても、年によっても大きく変わっていた。さらに、鳥の個体数の変化は、液果の結実量の増減とそれほどリンクしておらず、むしろ降水量や気温といった環境要因のほうに大きな影響を受けていることが明らかになった。これらの鳥たちはそれぞれ、さまざまな果実を食べており、鳥と液果の間には多種対多種の拡散した関係が見られる。そして鳥たちの糞を分析することによって、ある一種の鳥が運んでいる種子の組成が年によってさまざまに変化することがわかった。ある年はAという液果を頻繁に食べていた鳥が、別の年にはBという液果を頻繁に食べている、といったように。ある植物の種子散布がうまくいくかどうかは、かなり状況依存的なものであることが見えてきたのだ。

この論文が鮮明に示したことは、種子散布をめぐる鳥と果実との種間関係は移ろいやすく、時間的な変動が非常に大きいシステムだということである。そしてこの変動しやすく状況依存的な関係を生み出しているものとして、鳥と液果のあいだの多種対多種の拡散した関係性があることもわかってきた。

また同じような鳥と液果の関係のルーズさは、時間についてだけでなく、空間についてもいえることもわかってきた。鳥と液果との関係のあり方は、場所場所によって大きく異なってくる (Jordano, 1994)。このこともヘレラの研究とほぼ同時期に、世界各地の研究者による知見の蓄積によって明らかになってきたことである。場所が変わると、同じ果実にやってくる鳥たちの顔ぶれも変わり、それぞれの鳥が散布する種子量も変わる。もちろん鳥たちが利用できる果実量自体も、場所によっても大きく異なるし、季節や年によっても変化する。そしてこの時空間的に変動する液果をもとめて、一部の鳥たちはダイナミックに移動していると見られる。とくに移動能力が高い渡り鳥は餌を求めて、または他の理由で、場所から場所へと移動していく。その結果として、鳥と液果との相互作用の結末はさらに複雑で予測しがたいものになる。

これらの研究者たちが積み上げてきた成果は、ある液果をある場所で短期間調査をすれば、その樹種の散布者と散布パターンがわかるという、これまで当然とされていた考え方に疑問を投げかけた。ある年、ある場所で見られたパターンは、別の年、別の場所では、大きく異なっているかもしれない。そしてこの認識は、液果と鳥との共進化のあり方についてもさまざまな波紋を投げかける。たとえば、液果の種間あるいは個体群間で見られる果実形質のちがいは、ほんとうに散布者による選択圧を受けて生じたものなのか、といった疑問である。場所や年によって果実を食べている鳥が大きく異なっており、またさまざまな外部の状況によって食べる量が異なってくるのであれば、液果の形質と散布成功の関係の強さは弱まり、選択圧のかかり方もより複雑で理解しにくいものにならざるをえない。いろいろなノイズが入ってくるわけである。一本の樹木の種子のうち、どれだけ鳥に運ばれるかは、結実量や果実の性質といったその樹木自体の性質よりも、周りにどのぐらい他の果実があるのかといったような、周辺の状況によって決まってくる部分が大きい。こうした相互作用の状況依存性・文脈依存性が浮き彫りになってきた。

ヘレラをはじめとする研究者たちの手によって、鳥と液果の相互作用に対する見方は更新され、新たな捉え方が生まれた。それは時間的にも空間的にもダイナミックに変動する、鳥と液果との不安定な関係性だ。これらの研究が明らかにした重要なことは、単一サイトの短期的な調査では鳥と液果の関係を捉えきれないこと、そして通常の野外研究の多くには避けがたい限界があることである。つまり、ある一つの場所で、ある液果がある動物に食べられていたとしても、それは相互作用の総体の一部にすぎず、時間や場所が異なれば、その有り様も大きく異なったものになるかもしれない、ということを示したのだ。

「裏庭」で行う研究から、生態学の一般的な知見が得られないということはけっしてない。たとえば昆虫の生態を詳細に追いかけた研究は、このような身近な場所で地道におこなわれたものも少なくないし、それらは昆虫生態に関する一般的な知見をもたらしている。また、未だ知られていない昆虫や微生物は身近な場所にもたくさんおり、そういった新種を記載したり、未知の生態を記載したりすることも可能だし、大きな意味がある。だが私が扱っていた鳥類と液果の関係では、こうした小さな空間スケールの研究で見えることに限界があるのも事実なのだ。

「裏庭」で見えるもの、見えないもの

私が「裏庭」で見てきた鳥類と液果との相互作用は、時間のうえではわずか数年たらずである。数十年から数百年におよぶ寿命をもつ樹木の動態を理解するには、あまりにも短い。また空間的にも理学部植物園という数ヘクタールの一地点である。これもまた非常に限られた面積にすぎない。しかもこの場所は、都市のなかの孤立した森林という特殊な立地にあり、その鳥類相にも大きな偏りがあるだろう。イカルの群れによる集中的な種子捕食という現象自体が、このような森林の位置関係や周辺環境に依存していると考えられる。こうした理由で、この空間的にも時間的にも限られた野外研究で得られた成果は、どこまで一般化できるのかという疑問が、しだいに膨らんできたのだ。

学会や研究室のセミナーで研究について話した時にも、この問題を意識させられることが少なくなかっ

た。学会で発表を聞いてくれた人にはイカルの研究には興味をもってもらえたが、自分のフィールドでは、こんな群れは見たことがない、というコメントをしばしばもらった。イカルの群れはどこでも見られるわけではないことは知っていたが、やはり自分の見ている現象はかなり特殊なケースであるということがわかってきた。日増しにその問題点を意識することが大きくなっていったのだ。

こうした問題に対しては、調査する場所と時間を増やすというアプローチがある。つまり、複数の森林プロット、あるいは大面積プロットにおいて、長期的なモニタリングをおこなうというやり方である。このような研究をおこなっている場所として、パナマのバロコロラド島の長期大面積プロットや、日本の茨城県の小川学術参考林などがある。これらのサイトでは長年、多大な労力をかけて森林動態のモニタリングがおこなわれており、その一環として種子散布のパターンも研究されている。確かにこのような長期大規模研究によって、より一般的な知見に近づくことはできる。だが私のような一大学院生が個人営業でおこなう研究では、複数の広大な森林で長期間種子散布を追いかけることは現実的に不可能である。このような制約のなかで、もっと一般性の高い研究はできないだろうか？

この課題にぶつかったことを契機として、私は別のアプローチを模索することになった。そして、特定の場所において特定の種同士の関係を深く追求するだけではなく、鳥と植物との間の「群集」同士の繋がりを明らかにするという新たな方向性も考えることにした。動物による被食型散布を考えるとき、果実・種子を食べる鳥類の群集と鳥散布植物の群集とがどのように繋がっているのかという問題が、大きな意味をもってくる。なぜなら、鳥と植物との関係性が大きく変動することの背景にあるものこそ、両者のあいだにある拡散した関係性だとわかってきたからだ。つまり、一種の鳥が一種の植物の種子を運ぶのではなく、多種の鳥が多種の果実とつながりをもち、種子を運んでいるという関係性が、相互作用を形作っていて、それが両者の相互作用を捉え難くしているのだ。（あとの「コラム 種子散布研究はどのように進んできたのか？」を参照）

では数多くいる鳥たちと、数多くの液果とは、どのように結びついているのだろうか？ そこに何かルールはあるのだろうか？ その結びつきのパターンについては十分にわかっているとはいえない。さらに状況を複雑にするのは、鳥類群集のなかにさまざまなタイプの種がいることである。前の章で見てきたように、ヒヨドリやメジロのような種子散布者だけでなく、イカルやキジバトのような種子捕食者も存在する。つまり鳥類群集と植物群集のあいだでは、相利関係と敵対関係とが混在し、複雑に絡み合っているわけである。その結果の一端は理学部植物園で見たとおりである。

鳥類の多様な採食戦略

ここで、液果に対する鳥たちの戦略のあり方を整理しよう。これは、次の二つのポイントの組み合わせで分類することができる。それは、（一）採食部分は果肉か種子か両方か、そして（二）採食部分が種子である場合、種子をどのように破壊するか、というポイントである。液果の組織のうち果肉の部分は、散布

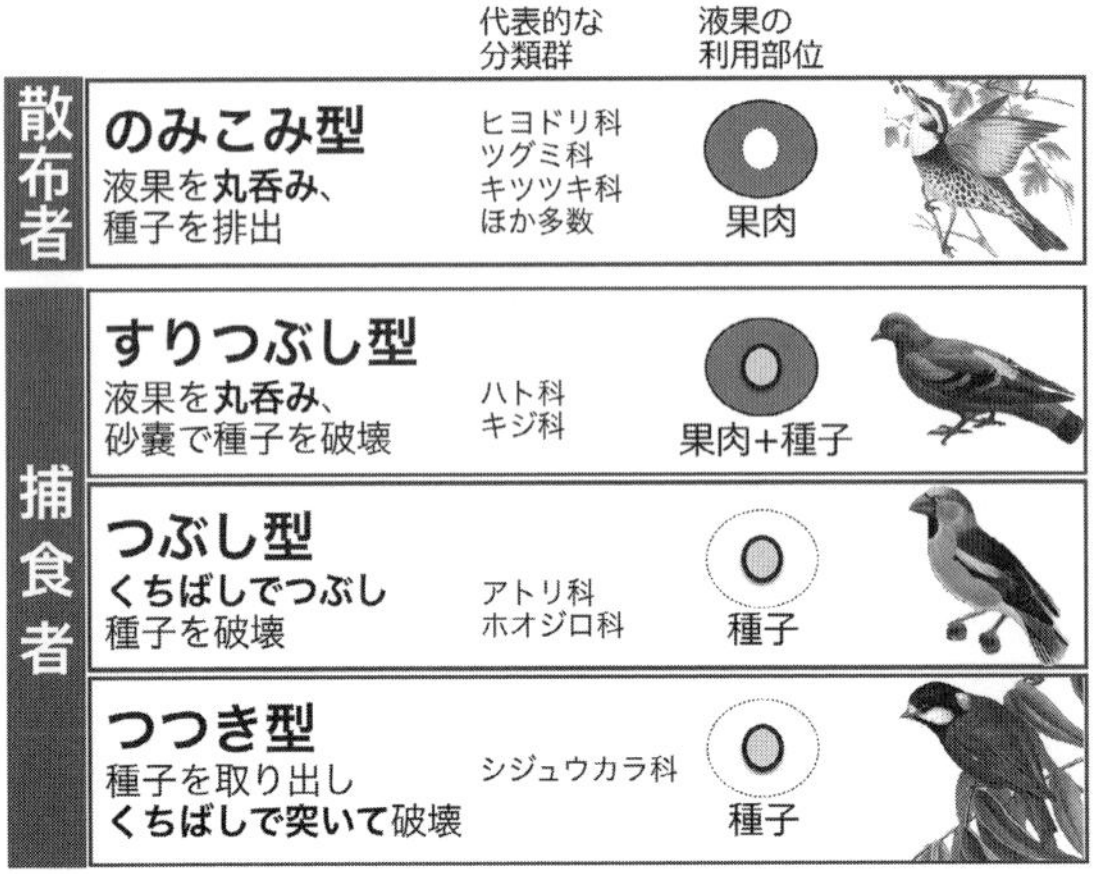

図3・1　液果に対する4タイプの採食戦略．鳥のイラストはGould (1850-1883), Gould (1855-1860), Dresser et al. (1871-1881) より．

者に種子を運ばせるために進化したものといえる。この果肉を採食部分としているのが通常の果実食者、つまり「のみこみ型」である（口絵4）。一方植物としては種子が食べられては困るので、硬い殻（種皮や内果皮といった組織）でしっかり守ってある。だから種子の内部の胚や胚乳を食べるためには、これを破壊することが必要になる。殻をどのように破壊するかという点で、種子を採食部分とする鳥類は以下の三つのタイプに分けられる（図3・1）。これを「すりつぶし型」、「つぶし型」、「つつき型」と名付けた。

最初の「すりつぶし型」は、くちばしではなく消化器（砂嚢）で種子をすりつぶすタイプである。これはハト科やキジ科、ダチョウ科などに見られる採食様式で、このタイプは果実を丸呑みにすることもあるので、一見のみこみ型の種子散布者に見えるかもしれない。だがじつは体内の砂嚢という消化器官が強力で、種子をすりつぶすことができるのだ。このすりつぶし型はある程度大型の種が多いようだ。強力な砂嚢をもつには、その筋力を担うだけの体サイズの大きさが必要なのかもしれない。なおニワトリで「砂肝」と呼ばれる部位がこの砂嚢である。

次の「つぶし型」は、くちばしで種子を砕くイカルのようなタイプである。アトリ科やホオジロ科の一部、また日本には分布していないオウムやインコの仲間もこのタイプである。よく目立つ、太く大きなくちばしが特徴である。このタイプの鳥には小さな草本種子ばかりを食べるものも多いが、一部は液果中の種子を頻繁に利用する。

最後の「つつき型」は、くちばしを使う点ではつぶし型と同じだが、種子を砕くのではなく、つついて割る食べ方をする。このタイプは果実や種子をもぎとると脚で抑えこみ、くちばしでつついて割る。その代表がシジュウカラ科のヤマガラやシジュウカラだ。くちばしはさほど大きくなく、すこし短めで頑丈である。種子を何度もつついて割り、そのあとでなかをほじくって食べるので、食べるのにかなり時間がかかる。興味深いことに、貯食型種子散布をおこなうのはこのつつき型にほぼ限られている。なおキツツキ類は枯木・枯枝をつつくのでつつき型と思われるかもしれないが、液果の食べ方はのみこみ型である。

すりつぶし型やつぶし型はそれぞれ、砂嚢とくちばしという種子破壊に特化した専門の道具を備えている。いうなればハードウェア依存である。一方つつき型の鳥はくちばしをさまざまな用途に使っており、これをうまく操って種子を破壊しているという点で、くちばしをソフトウェア的に使っているといえるだろう。ちなみにやや例外的だが、さらに特殊な方法で種子を砕く鳥類としてカラス類が挙げられる。

液果の種子ではないが、カラス類の一部はオニグルミの種子を砕くために、上空から落としたり（青山ほか、二〇一七）、信号待ちで停車中の自動車の前に置いて轢かせたりすることが知られている（Nihei and Higuchi, 2001）。なお後者の方法は、都市に住む個体の一部が学習した一種の地域文化であるようだ。こういった種子の処理の仕方はくちばしすら使わず、つつき型よりもさらにソフトウェア的といえるだろう。ただしカラス類は液果に対してはもっぱら丸呑みにするのみこみ型である。

このように種子食鳥は、植物種子の硬い防御を破るためさまざまな採食戦略を発達させている。それではこうした採食戦略のちがいは、鳥と植物とのつながり方をどのように規定しているだろうか？

鳥類の採食戦略と食性幅 ―新たな仮説を立てる

このような種子散布研究の背景を意識しながら、新たな研究の方向性を模索することが続いた。そんななか、野外でイカルを見るうちに、あることに気づいた。それは、この鳥がもっぱらエノキやコバ、ムクノキの液果を食べており、他の液果をまったく無視していることである。たとえ近くに他の果実がたくさんあってもほとんど食べることがない。つまりイカルは特定樹種だけを利用する、スペシャリスト的な採食をしているようだ。このような「偏食」の結果として、エノキ・コバの両種に大きなダメージを与えているといえる。一方でヒヨドリやメジロなど果実を丸呑みにするのみこみ型の鳥は、エノキだけでなく、さまざまな果実を食べるジェネラリストだというのが、これまで観察で得た印象だった。つまりイカルとヒヨドリたちとでは、利用している液果の多様性という点で大きなちがいがありそうだ。鳥と液果との関係は多種対多種の拡散した関係だと一般に考えられてきたが、鳥の種ごとに、または採食タイプごとに見ていくとそうとも言い切れないのではないか？　そうした考えが徐々にまとまってきた。

　ある動物が利用する餌資源の範囲が限られている時、この種をスペシャリスト（専食者・狭食者）と呼ぶ（図3・2）。それに対して、さまざまな資源を利用するものをジェネラリスト（広食者）と呼ぶ。このようなスペシャリゼーションの多様性は昆虫類、とくに植食性昆虫でははっきり見られる。たとえばナミアゲハの幼虫はミカン科の葉しか食べないスペシャリストであり、ヨトウガやアメリカシロヒトリの幼虫は、多様な植物の葉を食べるジェネラリストである。ある種がスペシャリストであるか、ジェネラリストであるかというちがい、すなわち採食戦略のちがいは、生態学における大きな問題であり、古くから多くの研究者の関心の対象であった。このちがいは、その種自体の生態や分布を大きく規定するのはもちろんのこと、その種と関係をもつさまざまな生物にも影響を及ぼす。たとえば捕食者がジェネラリストであるかスペシャリストであるかによって、餌となる種の対捕食者戦略は変わってくるし、その結果両者の個体数変動のパターンや共進化のプロセスも変わってくる。

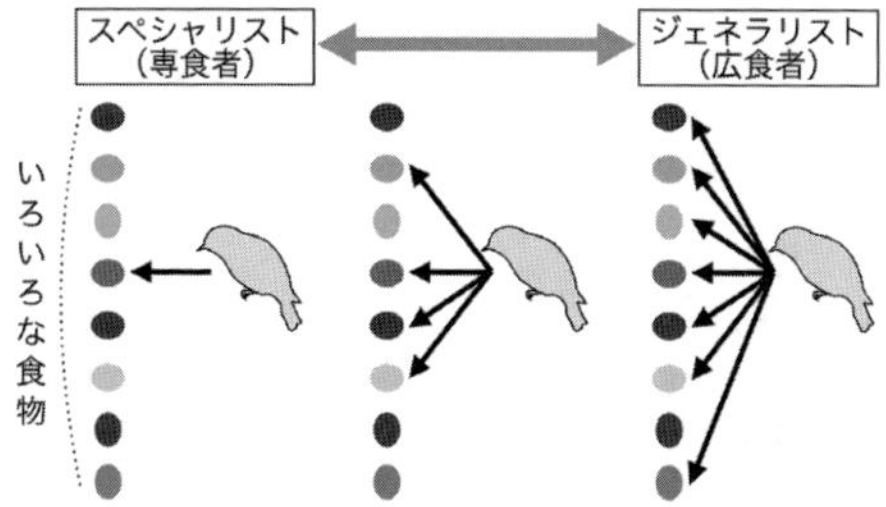

図3・2　スペシャリスト（専食者）とジェネラリスト（広食者・何でも屋）.

　しかしスペシャリスト・ジェネラリストという視点から、鳥類の果実利用戦略を調べた研究はほとんどなかった。むしろ液果に対して鳥はみなジェネラリストであると見なされ、その点が強調される傾向があった。しかし私が野外観察し、また文献を調べたかぎりでは、イカルの食べる液果はかなり限られており、スペシャリスト的であることは間違いなさそうだ。

そこで、これまでの自分の観察経験を一般化して、液果に対する採食戦略のあり方が鳥の食性幅を決めている、という仮説を立ててみた。つまり、「丸呑みにする」、「体内ですりつぶす」、「くちばしで砕く」、「くちばしでつつき割る」という、異なる採食の仕方によって、食べる果実のレンジが決まってくる、というのが私の考えだった。とくに「丸呑みにする」のと「くちばしを使って割る」のとでは、処理時間がまったくことなり、大きなちがいが出るのではないかと考えた。ヒヨドリやキジバトが果実を呑みこむのは一瞬だが、イカルやシメ、ヤマガラは一個の種子を食べるのに、少なくとも十数秒が必要なのだ。こうしたコストのかかる食べ方の場合、どの樹種を選ぶのかが重要になってくるのではないか？　そこでこの仮説を次のようにまとめて、これを検証しようと考えた。

『種子を砕くタイプ（つぶし型）やつつき割るタイプ（つつき型）の種子食鳥は、くちばしを使うという物理的な制約のため、利用できる果実の幅が限られ、スペシャリスト的な戦略をとる。一方果実を丸呑みする一般の果実食鳥（のみこみ型）や一部の種子食鳥（すりつぶし型）はそのような制約がないため、多様な液果を食べるジェネラリスト的な戦略をとる』

だがこの仮説を検証するには、数多くの鳥たちを観察して、彼らが食べている果実・種子の情報を膨大に集積する必要がある。植物園でのフィールド調査とシードトラップの仕分けとに追われる身にとって、それは難しい。このような制約から新たな研究手法を模索することになり、これが「書庫」の世界に踏み込む契機となった。

コラム　種子散布研究はどのように進んできたのか？

動物による種子散布の研究において、なぜ群集という視点が重要となるのか？　このことを理解してもらうために、やや長くなるが、その背景となる研究の歴史を紹介したいと思う。すこし専門的な話が続くので、後回しにしていただいて構わない。

動物による種子散布というプロセスは、その重要性が古くから認められており、多くの研究者の関心を集めてきた。第5章で触れるように、チャールズ・ダーウィンも種子散布には強い関心を示していた。

およそ一九六〇年代までの種子散布研究は、博物学的な視点からのものが主流であった。イギリスのヘンリー・リドレーによる長大なモノグラフ（Ridley, 1930）は、膨大な博物学的・自然史的情報を整理して、植物のさまざまな種子散布戦略を体系化している。またオランダのファン・デル・ピールのモノグラフ（van de Pijl, 1969）は、世界中のさまざまな形態をもった果実・種子を網羅的に収集して掲載しており、果実とその散布戦略についての一種のカタログになっている。そのナチュラルヒストリー的な知見の網羅はすごいが、その一方で植物の散布戦略の捉え方がやや単純で平板であるという印象も受ける。また野外での定量的なデータの計測は不足している。だがとくにリドレーのテキストに顕著なように、そこに記されたさまざまなアイデアやテーマの断片には興味深いものが多く含まれているのも事実である。

種子散布のプロセスの研究、とくに鳥と液果との関係の研究に、野外での定量的な測定というアプローチが、そして両者の共進化という新たな観点が現れはじめたのが一九六〇~七〇年代である。イギリスのディヴィッド・スノウやアメリカのダニエル・ジャンゼンといった研究者たちが、博物学的な知識に基づきながらも、理論的な視点も取り入れて、野外でデータをとる研究をはじめた。このころ新たに加わった観点として重要なのが、「共進化 coevolution」という概念である。共進化とは、相互作用をする種同士が、互いに互いを進化させていくプロセスである。鳥散布果実はその色や形、栄養成分、結実時期などが種によってさまざまである。当時の研究者が考えていたのは、こうした種間差が、特定の散布者との共進化の結果として生まれてきたというものだった。そして、果実形質と散布者相がはっきり対応することを想定し、これを野外で検証する研究がさかんにおこなわれたのである。

だが、こうした問題意識で進められてきた研究は、一九八〇年代に入ると行き詰まるようになる(Levey and Benkman, 1999)。液果の形質と散布者相との間に、当初期待されていた明確な対応関係が見られなかったのだ。その後しだいに明らかになってきたのは種子散布系特有の、送粉系とは大きく異なった様態である。そしてこれを特徴づけるものとして「拡散共進化 diffused coevolution」という考え方が提唱された。これまで共進化とは、植物一種と動物一種の密接な関係から、両者が影響を与え合って相互に進化をするものとして捉えられてきた。そのような例として、極端に長い花筒をもつランの花とそれに呼応する口吻をもったスズメガとの共進化、あるいはイチジクとイチジクコバチの共進化をあげることができる。これらの種同士の緊密な関係は、感覚的にわかりやすく、進化的にも興味深い現象を数多く生みだしてきた。だが鳥類と液果とのあいだではこのような一種対一種の密接な関係はほとんど見られないことがわかってきた。ここで見られるのは、一種の果実がさまざまな鳥に食べられ、一種の鳥がさまざまな果実を食べるという関係である。このような「ゆるやかな」つながり、つまり多種対多種の拡散したつながりが両者の関係を特徴づけているという認識が、一九八〇年代以降深まってきた。

以上のような経緯で進んできた種子散布研究は、一九八〇年代以降、スペインの二人の研究者、カルロス・ヘレラとペドロ・ジョルダーノによって大きく進展することになる。二人はともに鳥と液果の共進化の視点から出発しながらも、異なる方向に研究を大きく発展させてきた。

先に紹介したように、ヘレラはスペインの潅木林での長年のモニタリング研究で、鳥と液果の関係の見方を大きく転換させた(Herrera, 1998)。その他にも多くの貢献がある。たとえば、地中海沿岸地方における鳥と液果の形質をまとめた仕事(Herrera, 1995)や、液果の豊凶のパターンを腑分けした仕事は、鳥と液果の関係性の解明に大きく進めた。その後彼は種子散布の研究から離れ、植物形質の個体内変異が動植物間相互作用におよぼす影響や、エピジェネティック変異と動植物間相互作用との関係という、誰も手をつけていない分野を開拓することになる。

一方ジョルダーノは、同じくスペインでサクラ類の種子散布についてのフィールド調査を進めていくとともに、鳥の果実食と種子散布に関する広汎な知識をまとめている(Jordano, 2000)。さらに彼は群集全体を俯瞰する視点を導入して、種子散布システムと送粉システムを比較するような研究を進めていった。たとえば、送粉システムと種子散布システムにおいて、種間の結びつきのパターンが異なることを彼は早くから指摘している(Jordano, 1987)。やがて彼はこの視点を深めて、群集の相互作用用ネットワーク研究のパイオニアの一人になる。種子散布をめぐる鳥と液果の相利関係は、訪花昆虫と花との相互作用、あるいは植物と植食昆虫の敵対関係と比べて、どのような構造のちがいがあるのか？　そういった問題意識から、マクロ的な視点を追求していく。この相互作用のネットワーク研究については、のちの第4章で詳しく紹介したい。

一方、このあと液果と鳥類の共進化の研究は徐々に下火になっていた。だが近年になって、散布者相の変化に応じて果実や種子の形態が進化していることを示す研究が徐々に現れてきた（Galetti et al., 2013）。Galetti et al.（2013）は、ブラジルの熱帯雨林二十二か所でヤシの一種の種子サイズを調査した。この地域では森林伐採により生息地の断片化が起こっており、断片林では大型の果実食鳥がいなくなっている。そのような森林では、散布鳥相の変化により種子サイズが小さくなっていることがわかったのだ。またこの進化はここ百年以内に急速に起こったこともわかった。今後は果実形質の基盤にある遺伝子を調べることで、植物の進化を実証するような研究も進んでいくかもしれない。

図書館の書庫に潜る日々

読者の中で、図書館の書庫や博物館の収蔵庫に入ったことのある方は、どれほどおられるだろうか？図書館には、多くの人の目に触れる開架の本棚だけでなく、大量の本を所蔵する書庫というものがある（口絵3、図3・3）。それはたいてい、部屋の奥や地下のようなめだたない場所にひっそりと存在している。そこはやや薄暗く、静かでひとけのない空間である。なかに入ってまず気づくのは古い紙が発散する、どこか黴くさい匂いだ。書物の状態を保つために、室内の温度や湿度は一定に保たれている。たいていは電動式の所蔵用本棚がずらりと並んでいるのが見える。そこには直接手に取ることができない貴重な資料も存在する。

このような書庫には、ふだんはあまり取り出されることがない、古い書物や雑誌が所蔵されている。そして、これこそが私が求めるデータが眠っている場所である。

どの鳥がどの液果を利用するのか？　鳥と液果とのつながりに何らかの法則性はあるのか？　この課題に対するアプローチとして模索したのが、文献に眠っているデータを発掘して関係性を明らかにするというやり方である。こうして私は「書庫」という、新たなフィールドでの研究に深入りしていくことになった。

そんな研究をはじめるきっかけをいただいたのは、当時京都大学理学部の動物系統学研究室にいらした梶田 学さんである。大学院に入ってすぐに先輩から紹介してもらって以来、梶田さんには鳥に関するさまざまな情報を教えていただいていた。梶田さんは鳥類の分類が専門で、生態全般に詳しく、また鳥類関連の文献にも精通されていた。鳥の種子散布に関しても、私の知らない文献を教えてもらうことができた。そんなふうに文献を紹介していただくなかで、鳥が食べる果実についての記載が予想以上に残っていることがわかってきたのだ。

明治時代にヨーロッパから近代的な鳥類学が導入されていらい、日本の鳥学者たちもさまざまな調査研究をおこない、貴重なデータを蓄積してきた。たとえば大正時代から昭和初期に農林省が発行した、「農

図3・3　図書館の書庫のようす．a）京都大学農学部図書館の地下書庫．b，c）京都大学理学部生物科学図書室の書庫．

事試験場特別報告」・「鳥獣調査報告」・「鳥獣彙報」・「鳥獣集報」といった報告書には、鳥類の胃内容調査の膨大なデータが掲載されている（内田、一九一三；内田ほか、一九二二；内田・葛、一九三一など）。これは農林業における「益鳥」や「害鳥」を調べることを目的として鳥類の基礎データを収集したもので、日本の鳥類の食性の基礎情報として大変貴重なものである（現在このような大規模な捕獲調査は倫理的な観点から不可能になっている）。これらの資料の一部は、関係者の努力によって現在ではウェブ上でも公開されている（国立国会図書館近代デジタルコレクション http://dl.ndl.go.jp/）（図3・4）。また第二次大戦終戦以降は、専門の研究者が詳細な生態研究をおこなうようになるとともに、アマチュアのナチュラリストによる鳥類の生態報告も増えてきている。これらの先行

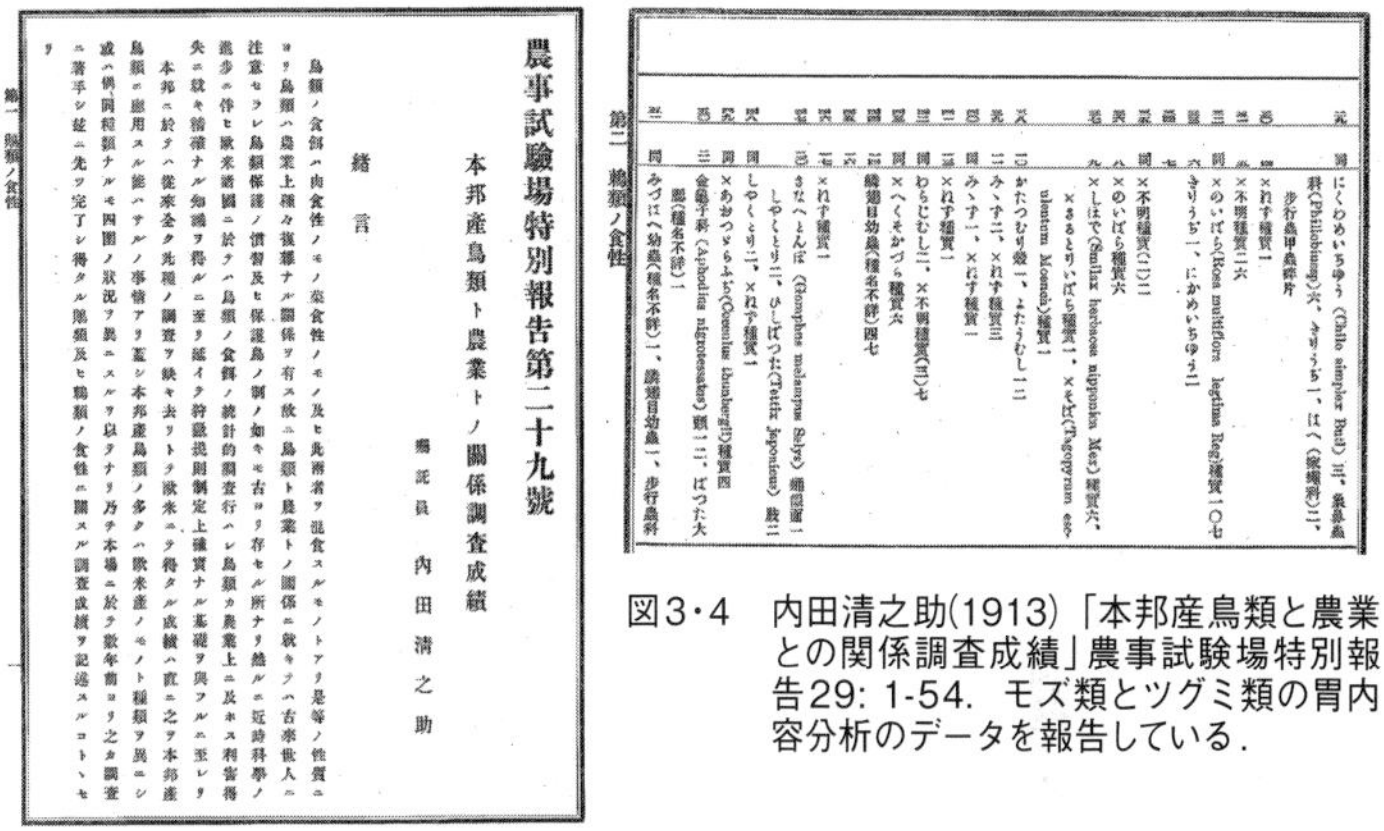

図3・4　内田清之助(1913)「本邦産鳥類と農業との関係調査成績」農事試験場特別報告29: 1-54. モズ類とツグミ類の胃内容分析のデータを報告している.

研究の蓄積で得られた情報は、日本の鳥類学にとって貴重な財産となっている。だがこれらの情報は、一部を除いて、広く知られているとは言いにくい状況だった。その一因は、こうした情報が通常の学術誌だけでなく、入手しにくい報告書や同好会誌にも散在していたことにある。そうした文献を見るにつけ、貴重なデータが埋もれているのを惜しく感じることが多かった。これらの貴重な資料を有効に活かす方法はないだろうか、そんな風に漠然と考えていた。

そこで思いついたのが、これらの文献から鳥の種ごとの採食果実の記録をまとめ、そこから鳥たちの食性幅を評価することだった。種ごとの採食果実のデータをまとめること自体、日本の鳥とそれをめぐる相互作用についての基礎情報となり、意味のある仕事になるだろう。さらにそこから、鳥類の採食タイプによって食性幅が異なるという私の仮説を検証できるではないか？

日本産のすべての鳥を対象とすると、調べるべき資料が膨大になりすぎて手に負えなくなる。そこで四つの採食タイプの代表的な種、計十四種を選びだし、これらの種の採食果実を調べることにした。対象種はのみこみ型がオナガ *Cyanopica cyanus*・ヒヨドリ *Microscelis amaurotis*・ツグミ *Turdus naumanii*・シロハラ *Turdus pallidus*・ムクドリ *Sturnus cineraceus*、すりつぶし型がキジ *Phasianus colchicus*・ヤマドリ *Syrmaticus soemmerringii*・コジュケイ *Bambusicola thoracicus*・キジバト *Streptopelia orientalis*、つぶし型がイカル・シメ *Coccothraustes coccothraustes*・ウソ *Pyrrhula pyrrhula*・カワラヒワ *Carduelis sinica*、そしてつつき型がヤマガラ *Poecile varius* である。

まず手始めにおこなったのは、これらの種に関する日本語文献をすべて手に入れることである。ウェブ上の文献データベースを使って、関係しそうな文献をリストアップした。また関連文献がありそうな、国内の鳥類学や植物学の雑誌を決めて、そのなかに載っている文献を洗いざらい調べた。調査対象となる文献は古い年代のものが多く、ネット上で公開されているものは多くなかったので、だいたいは図書館の地下書庫に潜ってこれらを探し出す作業を続けた。鳥類の採食記録が載っている論文を見つけては、コピーしてファイリングする。こんな作業は地味で退屈なものに思われるかもしれないが、個人的には好きな仕事だった。近辺の図書館で見つからない文献は、国会図書館で探したり、他の図書館から取り寄せてもらう手配をしたりして、リストアップした文献を一つひとつ手に入れていく。

なおこの文献調査をおこなうにあたっては、自然史関連の資料が充実した京都大学にいたことは幸運だったと思う。ほかの場所でもこうした調査をすることは決して不可能ではないが、もうすこし手間がかかったかもしれない。それに文献収集作業をするにあたって、農学部図書館やフィールド科学教育研究センターの図書室の司書さん方からサポートしていただけたのも大きかった。学外から取り寄せたい文献が大量にあった時でも丁寧に対応してくださり、とても助けられた。

果実の採食データをまとめる

こうして入手した文献を見ながら、鳥の採食果実の記載がないかをチェックし、記載が見つかれば一つひとつカードに写すという作業を続ける。とても単純で地味ではあるが、個人的に好きな作業で、ずっとやり続けてしまう中毒性がある仕事である。薄暗い地下書庫のなかで古びた資料、大正時代から昭和初期にかけての文語体の文献を追っていると、タイムスリップしたような感じになって楽しい。この単純な作業を続けていると意外といろいろなアイデアが湧いてくるのだ。

だがこうしてリストアップした文献を揃えるだけでは、この調査は終わらなかった。手に入れた文献を読んでみると、その引用文献としてまた新たに確認すべき論文が出てくるからだ。そんな時はまた図書館の書庫に潜って、文献の渉猟を繰り返していく。このように芋づる式に文献を探すことを数か月続け、そこにある鳥の採食データをまとめていった。

なおこの時のデータのまとめ方は非常にアナクロで効率の悪いやり方だったと今になって思う。観察記録を紙のカードに一つひとつ書き出して、それを表計算ソフトの表に直接手で打ち込んでいたのである。これでは効率も悪く、間違いにも気づきにくい。勢いに任せて作業をして、無駄な時間を使ってしまった。

データベースソフトを使ってうまくデータを入力していけば、その後も手際よく処理できたはずなのだ。

近年は「整然データ」、「整理データ」と呼ばれる、集計に適したデータフォーマットが提唱されているが、そういうことをあらかじめ意識してデータ入力をする必要があった。もし同じような文献調査を検討している方がいれば、データ形式について事前に調べ、また経験者に具体的なやり方を相談することを強く勧めたい。

鳥と液果のつながりを描く

最終的に十四種の鳥の採食果実の情報を、計百二十編の文献から集めることができた。鳥の採食果実に関するこういった網羅的データは、日本ではまだ得られていないものだ。そのデータを使って、いよいよ鳥と液果の関係をグラフ化してみた。それが図3・5である。このグラフでは、上段の点のそれぞれが鳥の種を示しており、下段の縦線のそれぞれが植物種を表している。ある鳥がある果実を食べたことが記録されていると、両者が線で結ばれている。対象とした鳥類は全部で十四種であるのに対して、その採食果実は合計二七〇種にのぼった。膨大な数の植物の果実・種子を、これらの鳥類が食べているのだ。

このグラフは、鳥類と液果との関係の「拡散した」あり方を明確に示している。つまり「一種の鳥が多種の液果を利用し、一種の液果が多種の鳥に利用される」関係を、このデータは示しているといえるだろう。これまでの研究で指摘されてきた多種対多種の関係である。

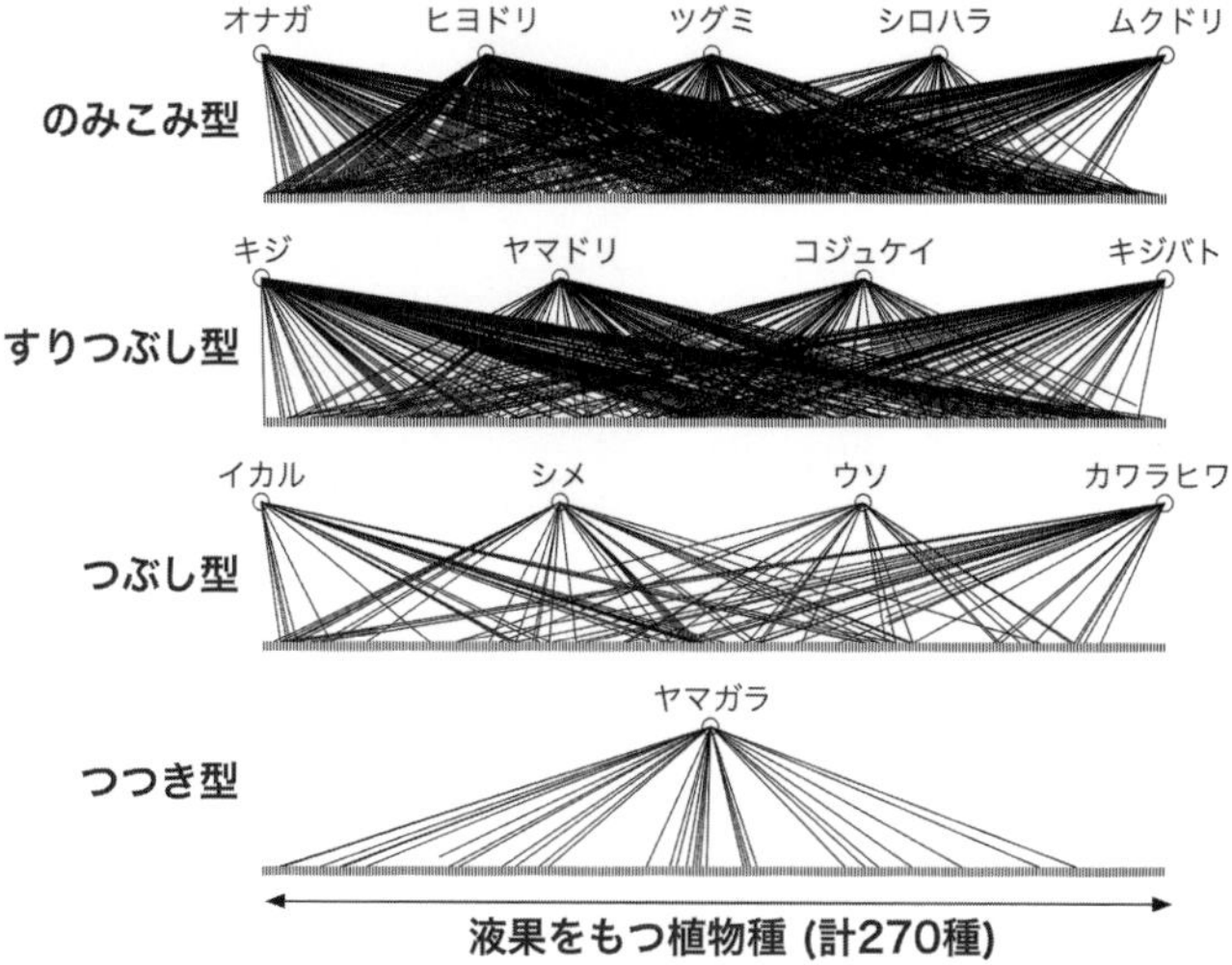

図3・5　文献調査から得られた，4採食タイプ14種の鳥と液果270種のつながりのパターン．鳥がある果実を食べた記録がある場合，両者が線で結ばれる．Yoshikawa et al. (2009) のグラフを改変．

では細かく見ていくと、どうなるだろうか？それぞれの採食タイプの鳥を調べてみると、タイプによる明確なちがいがありそうに見えた。まず、のみこみ型の代表であるヒヨドリ（図3・6）は、ひときわ多様な果実を利用していることがわかる。採食液果は合計二一〇種にのぼった（表3・1）。また同じのみこみ型であるムクドリなどの鳥も計百種近い果実を利用していた。すりつぶし型のキジやヤマドリの採食記録も多く、それぞれ百種近くにのぼっている。それに対して、イカルやシメなどのつぶし型、ヤマガラなどのつつき型は、少数の果実しか食べていないように見える。記録された果実はどの鳥も二十種から三十種程度にとどまっていた。

この結果は、鳥類側の採食戦略によって利用する果実の範囲が決まってくるという、当初私

図3・6　オモトの果実を食べるヒヨドリ．地上で果実を食べることは珍しい（写真提供：北村俊平氏）．

が想定していた仮説を支持するもののように思えた。つまり、果実を丸呑みするタイプ（のみこみ型・すりつぶし型）は食性幅が広いジェネラリスト的性質をもち、くちばしで種子を処理するタイプ（つぶし型・つつき型）では食性幅が狭いスペシャリスト的性質をもつという傾向があるという仮説と矛盾はしていない。種子のハンドリング方法のちがいが食性幅を決めているように見える。しかしこれはさまざまな文献のデータをまとめた結果なので、結果を解釈するには慎重になる必要がある。

はじめての論文を投稿する

ここまでの成果が得られたところで、まとめて論文とすることにした。これが私にとって実質初めての論文の執筆で、投稿先は日本生態学会の国際誌である『Ecological Research』だった。数か月かけて英語の原稿をなんとか書き上げ、初めての論文投稿に挑戦した。（ちなみに第2章で紹介したイカルの種子捕食の研究はとても長引いて遅れ、論文が正式に受理されたのは学位取得から半年も後だった。）採食タイプによって食性幅が異なるという仮説を検証するかたちで、論文を完成させ、それに鳥たちの採食果実のリストも付録として加えて、はじめての論文投稿である。

表3・1　文献調査から得られた，4採食タイプ14種の鳥の採食記録液果種数．Yoshikawa et al. (2009) の表を改変．

採食タイプ	種名	液果種数	採食記録液果属数	液果科数	文献数
のみこみ型	オナガ	96	66	38	16
	ヒヨドリ	210	117	56	59
	ツグミ	117	74	38	31
	シロハラ	60	45	31	22
	ムクドリ	87	62	36	25
すりつぶし型	キジ	119	64	36	15
	ヤマドリ	94	62	38	9
	コジュケイ	62	43	33	8
	キジバト	77	57	37	28
つぶし型	イカル	25	16	12	17
	シメ	30	24	17	20
	ウソ	21	18	12	9
	カワラヒワ	32	25	18	18
つつき型	ヤマガラ	32	24	19	13

数か月して、ようやく原稿が戻ってきた。だが残念なことに論文はリジェクトと判断されていた。二人の査読者は文献調査のやり方や議論の方向性について多くの不備を指摘しており、改善すべき点を山のように指摘していた。ただどちらの査読者も、この論文の基本的な値打ちは認めてくれているようだった。編集者からの言葉には、現時点ではリジェクトだが問題点を修正できれば後日再投稿してもいい、内容によっては再検討する、とあった。

そこで論文を改善するべく取り組んだ。査読者は文献調査のやり方にも問題を指摘していた。これまでは、目に付くかぎりの文献を調べつくすというやり方で採食記録を調べていたのだが、もっとシステマティックな探索方法をとるようにという指示だった（「コラム　どのように文献を探したらよいか？」を参照）。そこで指示に従って、文献調査をやり直したうえでもう一度最初から分析をやり直した。このような数か月間の修正を経て、査読者が指摘したすべての点になんとか対応することができ、再投稿した。種子散布の研究で、このような既存データを要約した研究は少ないこともあり、数度の再改訂を経て受理された（Yoshikawa et al., 2009）。
だが同時に、既存文献を用いることに付随するバイアスについて、さまざまな根本的な問題が指摘された。この論文の査読者とのやりとりのなかから、新たな課題に気づかされることになった。

コラム　論文を書くことと書き直すこと

論文を発表するには、学術雑誌に投稿し、編集者や査読者数名からその価値や妥当性を審査される査読を受け、その後受理されるというプロセスを経る。ほとんどの場合、この審査において文章の書き直しやデータの再解析を求められることになる。この作業をrevision「改訂」という。雑誌から求められる改訂には、major revision（大改訂）とminor revision（小改訂）とがある。こうした改訂を経ずに論文が受理されることはまずない。そのため、最初に投稿論文を仕上げること自体より、審査とその後の改訂作業の方に長い時間がかかることもしばしばある。

この論文の改訂の作業は大変ではあるが、けっこう充実感がある。論文の初稿を書くときは大抵どこか舞い上がっているもので、それに対して的確なコメントをもらって見直せるのはラッキーである。原稿に厳しいコメントをもらうことも少なくない。そんなときは最初途方にくれるのだが、しばらく考えているうちに、なんとか対応できるのではないかと思えるようになる。苦しいけれども、アイデアがだんだんと収束していくプロセスを味わうのはなかなかいいものだと思う。

改訂作業をやり抜くことができたもう一つの理由は、これまで論文の査読者にとても恵まれていたこともある。私が最初に書いた論文（Yoshikawa et al., 2009）の場合、度重なる改訂を経たので、合計４人の査読者のコメントが付いた。これに対応するのはなかなか大変ではあったが、いずれの査読者からのコメントもとても建設的で有益だった。そのおかげで論文の価値を高めることができたと思っている。できることなら共著者に入ってもらいたいくらいである。とくに印象的だったのが、アメリカのフロリダ大学（現・アメリカ国立科学財団）のダグラス・レヴィ（Douglas Levey）教授から査読コメントを直接メールでもらったことだった。査読コメントは基本的に匿名であるが、署名をつけて名前を明かしてくれる人も時折いる。彼のように査読コメントを直接メールでくれる人はほとんどいないが、それが自分のスタイルだということだった。レヴィ教授は一九八〇年代から種子散布研究を牽引してきた、この分野の大御所である。なぜそんな人が極東の一大学院生の論文を査読してくれたのかというと、論文を投稿する際に査読者候補を指定する欄があり、彼の論文をいくつか引用していたので、何も考えず彼の名前を書いていたのだ。ほんとうに査読してもらえるとは思ってもみなかった。レヴィ教授からのコメントは、私の論文の弱点を見破ったうえで、修正可能な部分についてはじつに適確なサジェスチョンがなされていた。とても見事なコメントで、読んでいて爽快ですらあった。自分が査読者になったら、こんなコメントを書いてみたいなと思ったし、今でも思っている。はじめて論文を投稿する学生・院生さんは憧れの研究者を査読者候補にあげてみても良いかもしれない。またこれ以外の論文の査読でも、内容を的確に把握したコメントに助けられることは少なくない。最近は私も論文の査読をする機会が増えてきた。これまでにもらったようなコメントをできるようになりたいというのが密かな目標である。

コラム　どのように文献を探したらいいか？

右の私の研究のように、文献に記載されたデータを抜き出して、それを解析するタイプの研究がある。これらの中でも、複数の調査データを総合することで普遍性のある結果を求めるアプローチは、「メタ解析」・「メタアナリシス」と呼ばれる。この手法はもともと、医学の臨床研究のデータを対象としてはじめられたもので、その分析のための統一的な手続きが定められており、解析のための統計手法も発展している。現在このアプローチは医学だけでなく、生態学など他の分野でも広く使われるようになっている。私の研究は厳密な意味では「メタ解析」とは呼べないが、既存の文献をまとめているという点は共通している。

このような研究を論文として発表する際には、対象とする文献を探すプロセスにもシステマティックな方法を求められる。単に「これこれ、このような文献を使いました」と書くだけではダメなのだ。求められているのは、「これこれの検索サイト（ISI Web of Science や Google scholar など）で、これこれのキーワード（たとえば“fruit + bird”）を入力し、出てきた論文のなかである条件を満たすものだけを選び出しました」という手続きである。つまり他の研究者が同様の調査を行えるだけの「再現性」が、文献探索の作業にも求められているわけである。じつは文献調査をやってきた私自身このことを理解していなかった。論文を投稿して査読者から指摘されて初めて理解したのである。そのため論文改訂する時にこの文献探索の作業を最初からやり直して、解析もやり直すことになったのだ。

だが鳥の採食果実リストを作ることを目的としたこの研究では、システマティックな文献探索だけでは不十分だったことも確かである。そうした文献探索だけでは見落としてしまう、重要な文献がたくさんあったからである。鳥の果実食の記録は、通常の学術誌以外の媒体に掲載されていることが少なくない。このような、見つけにくく入手しづらい文献は「灰色文献」と呼ばれる。こういった文献を見つけるには、人に教えてもらったり、別の文献内の引用を辿ったり、あるいは雑誌を隅から隅まで探したりといった、変則的な方法が重要だった。求めているデータの種類によっては、こういう「探索的な」、「機会的な」文献探索が無視できないのだ。

メタ解析が盛んにおこなわれている分野、たとえば医学系の分野では、薬剤や処理の効果を確認するため規格化された実験デザインが広く用いられている。(たとえばランダム化無作為試験)。こういう実験設定が普及しているため、複数の研究結果を並べて比較するのも比較的容易で、そのための統計的手法も確立している。また研究成果はアクセスしやすい国際学術雑誌に発表されているので、システマティックな文献探索で十分網羅できる。だが今回の鳥類の食性の文献のように、調査・実験の規格化が進んでいない研究分野や研究対象も依然として存在している。歴史的な文献や資料はその代表だろう。そのような文献を見つけ出すには、手作業による原始的な「データマイニング」も依然重要である。

文献データによる結果は偏っていないか?

ここまでの研究で、日本における鳥と液果との関係性を新たな観点から見ることができた。それに自分にとって初めての論文を発行することができた。そのことは嬉しかった。だが論文の査読者から指摘されたように、文献データのまとめ方とその分析手法には、さまざまな問題点があることがわかり、新たな課題が浮かび上がってきた。

とくに問題となるのが、サンプリングに伴うバイアスである。先の研究では、採食が記録された植物種数は、鳥の種によって大きく異なっていたのは確かだ。しかしこのちがいは、本当に鳥の種ごとのスペシャリゼーションのちがい、食性幅の違いを反映したものなのだろうか。そこに疑問が残る。たとえば個体数が多く観察する機会が多い鳥では、記録される採食果実の種数も必然的に増えるだろう。逆に稀にしか観察できない種では、採食が記録される果実の種数も少なくなるにちがいない。

こうしたサンプリングバイアスは生物の多様性や地理的分布を評価する際に常に付きまとう問題である。たとえば、ある場所の鳥類の種数や多様性を調べる場合、ポイントセンサスかラインセンサスをおこなって、そこで出現する鳥の種と個体数を記録するのが基本となる。だがセンサスの時間や回数が増えれば増えるほど、記録される種数や個体数は当然大きくなるだろう。だから場所ごとの多様性を比較するためには、センサスの時間や回数を揃えることが必要であり、もしそれらが異なるのであれば、そのちがいを補正したうえで多様性を評価することが必要になる。そしてこのバイアスを回避するために、さまざまな統計的な技法が考案されている。

先の研究では、文献で果実採食が記録された合計種数を比較していたが、このようなデータには避けがたいバイアスがある。たとえば、ヒヨドリは非常に多種の果実を食べていると記録されているが、この鳥の個体数が多いことが、記録された果実種数の多さに影響しているかもしれない。またすりつぶし型のキジやヤマドリも見かける機会こそ多くないが、もっとも人気のある狩猟鳥であり、胃内容が分析される機会も多い。これが食性幅の過大評価につながる可能性がある。この研究では日本で初めて鳥の採食果実のリストを作ることができた。だが同時に、新たな難題にぶつかったわけである。

神奈川県鳥類目録との出会い

このような問題点を感じながら、どのようにすれば鳥と果実とのつながりのパターンをより正確に捉えることができるかと悩むことが続いた。先の研究で問題となるのは、それぞれの鳥に対する観察努力量の多寡が、文献記録をひとまとめにする過程で見えなくなってしまうことだ。それぞれの鳥に対する観察努力量の多寡がわかるデータセット、たとえば、一つひとつの観察記録が独立して記載されているようなデータであれば、このバイアスを調整したうえで鳥の食性幅を評価できるはずである。

だが新たな資料との出会いが転機となり、思いがけずこの課題を解決して、問題に取り組むことができるようになった。その資料こそ、日本野鳥の会神奈川支部が発行している『神奈川の鳥 二〇〇一－二〇〇五 神奈川県鳥類目録V』(日本野鳥の会神奈川支部、二〇〇六)である(図3・7)。この冊子は、日本野鳥の会神奈川支部の有志の方が、県内で観察した野鳥の行動を収集するシステムを築き、その記録をまとめ上げたものである(図3・8)。観察記録の収集は一九七〇年代後半からはじめられており、二十年以上にわたって継続されていた。数年ごとに観察データがまとめられており、それまでにすでに四冊の

図3・7　日本野鳥の会神奈川支部による神奈川県鳥類目録の冊子体．左：第2版，中央：第5版，右：最新の第6版．

冊子として発表されていた（二〇一三年にはさらにアップデートされた版も出版されている）（日本野鳥の会神奈川支部、二〇一三）（図３・７）。もともとは、この一つ前の版の冊子である「二十世紀神奈川の鳥　神奈川県鳥類目録Ⅳ」（日本野鳥の会神奈川支部、二〇〇二）を梶田学さんから教えていただき、よく目を通していた。この冊子には、各種の鳥の神奈川県内での分布や近年の個体数変化の情報が記され、また採食や繁殖に関するおもだった観察記録が掲載されていた。巻末にはそれぞれの鳥について、採食が記録された植物・動物のリストがまとめられており、このデータは私の前の研究でも重要な資料として引用させていただいていた。そこに掲載されたデータの背後に、長年にわたる膨大な観察があることはおぼろげに認識していた。

ある時神奈川支部のホームページを訪れてみると、観察記録がアップデートされた新しい版の鳥類目録が発行されていることを知った。そこで早速新版を購入して取り寄せてみた。新たな冊子はいくぶん薄くなっていたが、なかを見てみるとそこには観察情報が追加され、充実した記録が収集されているようすが伺えた。そして封筒に冊子とともに一枚のＣＤ－Ｒが同封されていたのである。何気なくこれをパソコンに入れて開いてみて、衝撃を受けた。そこには会員の方が一九七〇年代から収集されてきた全観察記録が、エクセルファイルに収納されていたのである（図３・９）。一件一件の観察記録について、日時、場

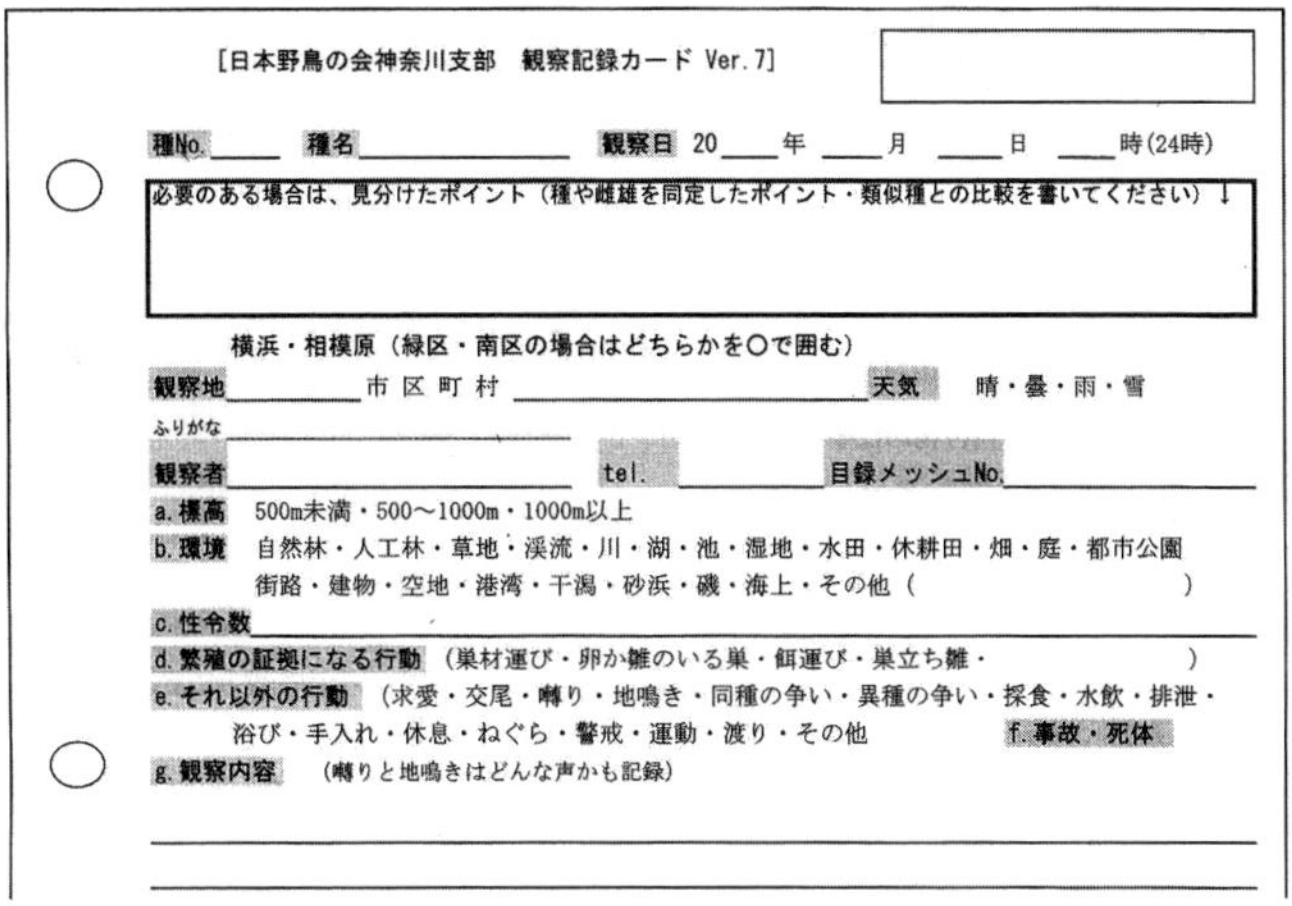

［日本野鳥の会神奈川支部　観察記録カード Ver.7］

種No.＿＿　種名＿＿＿＿＿＿　観察日 20＿＿年 ＿＿月 ＿＿日 ＿＿時(24時)

必要のある場合は、見分けたポイント（種や雌雄を同定したポイント・類似種との比較を書いてください）↓

横浜・相模原（緑区・南区の場合はどちらかを○で囲む）

観察地＿＿＿＿市 区 町 村 ＿＿＿＿＿＿＿＿　天気　晴・曇・雨・雪

ふりがな＿＿＿＿＿＿

観察者＿＿＿＿＿＿　tel.＿＿＿＿　目録メッシュNo.＿＿＿＿

a.標高　500m未満・500〜1000m・1000m以上

b.環境　自然林・人工林・草地・渓流・川・湖・池・湿地・水田・休耕田・畑・庭・都市公園
街路・建物・空地・港湾・干潟・砂浜・磯・海上・その他（　　　　　　）

c.性令数＿＿＿＿＿＿

d.繁殖の証拠になる行動（巣材運び・卵か雛のいる巣・餌運び・巣立ち雛・　　　　）

e.それ以外の行動（求愛・交尾・囀り・地鳴き・同種の争い・異種の争い・採食・水飲・排泄・
浴び・手入れ・休息・ねぐら・警戒・運動・渡り・その他　　f.事故・死体

g.観察内容　（囀りと地鳴きはどんな声かも記録）

図3・8　神奈川県鳥類目録データの収集のための観察記録カード．もともとはこのようなカードが配布され，支部員の方が内容を記入して送付されていた．のちにエクセルの電子ファイルになった．

所、環境、鳥の種、鳥の行動まで事細かな情報がすべて掲載されている。冊子に断片的に掲載されていた果実食のデータのそれぞれについて、元のオリジナルの観察記録が格納されていたのである（ただしプライバシーの観点から観察者の氏名は伏せられている。また希少種の保護の為に繁殖に関する記録も伏せるなど保全上の配慮もされている）。収録された観察件数は全部で十八万件以上、そこに出現する鳥は三八〇種以上にのぼる。そのオリジナルデータの質と量は圧倒的なものだった。

日本野鳥の会神奈川支部は、『ＢＩＮＯＳ』という支部独自の研究誌をもつなど、鳥類の研究と保全活動に力を入れている支部であるということは以前から知っていた。これまでの鳥類目録の著作で、そのアクティブな活動は知っていたが、これほど整理されたデータを目の当たりにして、大きな衝撃を受けた。すごいデータだ。後日、支部の会員の方にお

日本野鳥の会神奈川支部鳥類目録データベース2007　ヤイロチョウ科～ヒタキ科　→ 全体目次へ

	種番号	種名	外来種	観察日	時間	天気	メッシュNo	観察地	標高	環境	性令数	行動番号
15441	5215	ヒヨドリ		1984.04.22			1	川崎区				7
15442	5215	ヒヨドリ		1985.08.16			1	川崎区				7
15443	5215	ヒヨドリ		1996.03.02	10	晴	1	川崎区	500m未満		羽	7
15444	5215	ヒヨドリ		1999.01.15	11時	曇	1	川崎区殿町多摩川河口	500m未満	土手～工場	成鳥9羽	7
15445	5215	ヒヨドリ		1999.03.06	09時	晴	1	川崎区殿町多摩川河口	500m未満	川	4羽	15
15446	5215	ヒヨドリ		1999.04.03	10時	晴	1	川崎区殿町多摩川	500m未満	その他(土	成鳥12羽	15
15447	5215	ヒヨドリ		1999.04.03	09時00	曇	1	川崎区鈴木町味の素付近	500m未満	人工林	2羽	15
15448	5215	ヒヨドリ		1999.04.17	10時	晴	1	川崎区殿町多摩川河口	500m未満	川	成鳥129羽	16
15449	5215	ヒヨドリ		1999.05.01	08時	晴	1	川崎区殿町多摩川河口	500m未満	川	成鳥12羽	15
15450	5215	ヒヨドリ		1999.05.07	12時00	晴	1	川崎区鈴木町味の素付近	500m未満	川	1羽	15
15451	5215	ヒヨドリ		1999.05.09	7:00	晴	1	川崎区多摩川河口	500m未満	都市公園	成鳥2羽	4
15452	5215	ヒヨドリ		1999.06.03	15時	晴	1	川崎区多摩川河口	500m未満	建物	成鳥2羽	4
15453	5215	ヒヨドリ		1999.06.05	10時	晴	1	川崎区殿町多摩川河口	500m未満	川	成鳥1羽	15

観察内容	形態記録	キーワード	カード番号
河口の土手の桜に蜜を吸いに来た。		吸蜜・サクラ・	No.1-6553
木の茂みから飛び出した1羽がアブラゼミ		虫食アブラゼ	No.1-6554
土手のマテバシイの林で餌を探す。		マテバシイ・	No.3-14277
土手内側の植え込み、木から木へと移動しながら採餌をしていた。			No.4C-4021
右岸より左岸市街方向へはばたきながら飛翔して行った。			No.4C-7785
多摩川河口、樹木から樹木へと移動しながら下流方向へ飛翔していった。			No.4C-7982
土手のサンゴジュと河川敷の間を飛ぶ。			No.4C-8888
右岸市外方向より、飛翔して、左岸市街方向に7から20羽が飛翔。			No.4C-6424
右岸から左岸へ、群れになって渡って行った。			No.4C-3889
堤防近くのサンゴジュの木から、河川敷の看板の間を往復。			No.4C-8825
堤防横の殿町公園の桜の木の間を飛び回っていた。			No.4C-2818
干潟脇の住宅地で鳴き声を聞いた。			No.4C-9150
右岸土手下のサクラの木から飛び立ち、左岸側へはばたき飛翔して、渡っていった。			No.4C-4188

図3・9　観察記録をまとめたデータベースファイルの一部．各記録について鳥の種類，日時，場所，環境，観察内容などの項目が収納されている．

話を伺ったところ、設立当初からこの支では野鳥の基礎生態について関心が高かったという。一般にバードウォッチングをする人は、珍しい鳥を見つけることに関心を向けることが多く、それはそれで鳥の分布の貴重な情報になるのだが、神奈川支部では普通種の生態に関心をもつという伝統があり、その観察データの蓄積を継続され、生態の解明と鳥類保全とに活用されてきたという。目の前にある鳥類目録のデータが、たくさんの会員の方による長年の努力の結晶であることは、一目見ただけですぐに理解できた。そして、このデータを使うことでこれまでの研究の課題に取り組むことができる。そう直感した。

この鳥類目録の編集作業は、平塚市博物館の学芸員を長年務められ、のちに神奈川大学で教鞭をとられた浜口哲一先生や神奈川支部の有志の方が中心となり、進められてきたものであった。鳥類の食性幅についての自分の仮説を検証するために、ぜひこのデータを使いたい。だが、まったく面識も関わりもない大学院生が、データを使わせていただくなんて可能なのだろうか？　不安に思いながら、とりあえず梶田さんにご相談したところ、浜口先生と面識があるということだった。そこで梶田さんに紹介していただいて連絡を取り、鳥類目録データを自分の研究に利用させていただけないか伺うことにした。すると浜口先生と神奈川支部の委員の方からすぐにお返事があり、「研究目的の利用なら歓迎します」と快諾をいただくことができた。このように真摯に対応いただいたことには感謝しきれない。じつを言うと、浜口先生のお名前は以前からよく存じ上げていた。私が野鳥観察をはじめた当時いつも持ち歩いていた図鑑（『野鳥』山と渓谷社、叶内・浜口 一九九一）の解説を書かれていたのが浜口先生だったからだ。ボロボロになるまで使い込んだ馴染みの図鑑、その著者の方とのご縁を不思議に思った。

観察データに浸る日々

データ分析の許可をいただくことができ、いよいよ鳥類目録データの整理に取りかかった。とはいってもその分量は膨大であり、まずはデータベースの整理からはじめることが必要である。エクセルファイルに収録された観察記録の一つひとつには、編集者の方によってタグが付けられており、観察内容の大まかな分類がされていた。それらのタグには「果実食」や「種子食」といったものもあり、ある程度データの整理がなされているようだ。しかし中身を詳しく見てみると、タグが付いていない果実食の観察記録も少なくないことがわかった。やはり自分で観察記録を一つひとつ確認することが必要そうだ。

ファイルに入っている観察記録は、計十八万行以上。これをチェックして、関連データを見つけ、それを自分で分類していく作業はなかなか時間がかかるものだった。けっきょくそれに半年程度費やすことになった。だがこういう作業は、単なる時間の無駄ではけっしてない。観察の現場を肌で感じられるという利点もある。それに加えて楽しいのは、観察データに深入りすると興味深い記録にぶつかることである（「コラム　文献で見つかった不思議な観察記録」を参照）。前回の文献調査の時と同様、大量のデータにのめり込みながら進めていった。

ただこのデータに関して気になっていたことがある。それは、鳥の種ごとの記録数に偏りはないかという点だ。たとえば、珍しい鳥に対しては多くの記録が報告されて、普通種は少ないといったように、実際の観察頻度とのちがいが生じてはいないか、それが気がかりだった。これでは前回の文献調査と同じ問題を抱えることになる。そこでその点を浜口先生にご相談したところ、鳥類目録データとは別に収集している県内センサスデータでの記録数と比べてみればどうかというアイデアをいただいた。つまり、目録データとセンサスデータとの記録頻度に相関が見られれば、バイアスが小さいことが確認できるわけだ。そこでこのセンサスデータを見せていただいたのだが、これがまたすごいものだった。ラインセンサスは県内各地で会員の方が毎月定期的におこなわれているもので、県内二十数か所で約十年に渡りデータ収集がされていた。そしてこのセンサスデータも気前よく提供してくださったのだ。予備解析をやってみた。鳥類目録に出現する陸鳥について観察記録の数を集計し、これとラインセンサスでの種の出現率と比べたところ、両者の相関関係がしっかりと確認された。つまり鳥の種による観察努力量の偏りは小さいということが確認できたのだ。ここでも支部の方が蓄えられてきたデータとそれに費やされている労力が印象に残った。

見えてきた鳥と液果のつながり

こうして観察データの整理に半年ほどを費やしたのち、鳥類の果実食・種子食のデータをまとめることができた。見つかった果実・種子食の観察記録は三千件以上。すごい量のデータだ。

ここから、今後の分析のために観察記録を絞りこんでいく。私の分析の目的は鳥の種ごとの食性幅を評価することなので、それに影響しそうなバイアスをできるだけ取りのぞく必要があるからだ。そんなバイアスの一つとして、鳥ごとの生息環境のばらつきがある。鳥によって生息している環境のレンジが異なることが評価を歪ませる可能性がある。たとえば高標高の場所にだけいる種では、そもそも利用できる液果が少なく、食性幅が小さく評価されてしまうかもしれない。そこで観察データのうち標高五百メートル以上の山地帯と都市部のものは除外して、できるだけ均質な環境における果実食記録だけに絞ることにした。

その結果、果実食の観察データ数は計一七〇八件になった。出現する鳥類は六〇種、液果植物は一二三種にのぼった。記録がすこし減ったとはいえ、これほどの規模の相互作用データが得られたのは日本で初めてだ。いや、世界的にも貴重なデータだ。

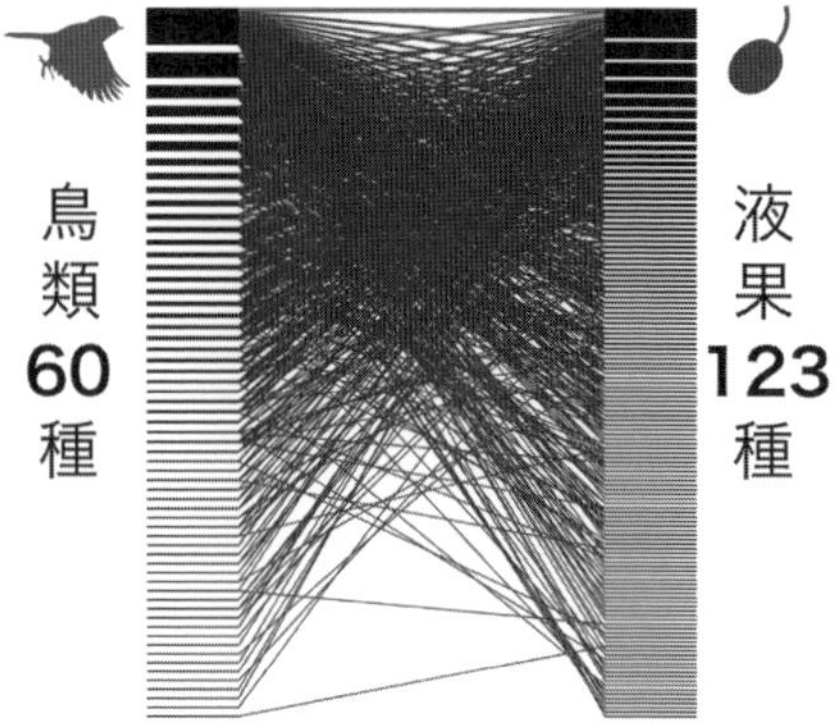

図3・10　神奈川県鳥類目録の観察記録から描かれた，鳥類60種と液果123種の相互作用ネットワーク．相互作用が記録された鳥(左側) と液果(右側) を線で結んでいる．帯の幅は観察記録数に比例している．なお相互作用ネットワークの表し方については第4章の図4・10などを参照．Yoshikawa and Isagi未発表．

まずデータの全体像を眺めてみよう。鳥と液果とのつながりのネットワークをグラフ化してみたところ、両者をつなぐ複雑なネットワークが姿を現した(図3・10)。グラフの左側の帯が鳥の種、右側の帯が液果の種を表しており、両者を結んだ帯が相互作用(果実食および種子食)を示している。帯の幅は観察記録件数に比例しており、ある鳥がある果実をたくさん食べるほど、帯が太くなる。グラフを見てすぐわかるように、鳥と果実をつなぐ線は複雑に絡み合っている。多種と多種とがつながりをもつ、拡散的な関係が鮮明に表れている。

全部で六十種にのぼった鳥類のうちでは、のみこみ型がその大勢を占めていた。そしてこのタイプの鳥類による果実食が全観察記録の八十三パーセントにのぼった。一方、つぶし型・つつき型・すりつぶし型の三タイプの種子捕食者は全部で十九種、それらの採食記録は合わせても全体の約二割に満たなかった。つまり群集全体で見ると、液果に対する鳥類の種子捕食の割合は比較的小さいといえる。

では、果実に対するスペシャリゼーションのあり方はどうだろうか？　そこでそれぞれの鳥種に対して、採食果実の多様性、すなわち食性幅を評価してみた。ここでは、観察記録の数が充分ある計二十三種(のみこみ型十六種、つぶし型三種、すりつぶし型二種、つつき型二種)に絞って解析をおこなった。食性幅の評価には帰無モデルというものを用いた。これは、鳥と液果との関係がランダムであると仮定したモデルであり、こうした仮定を立てて一種のシミュレーションを繰り返すと、それぞれの鳥が何種の液果を食べるかの期待値が得られる。この採食種数の期待値によって、実際の採食種数を割った値で食性幅を評価することができる。つまりこの値が小さければ食性幅は狭いと判定できるわけである。

その結果が図3・11である。この分析の結果は、以下のようになる。まずヒヨドリはすべての鳥類でもっとも多くの種の果実採食が記録され、サンプリングバイアスを調整した評価でも大変広い食性幅をもっていることが裏付けられた。同様にムクドリ、メジロなどののみこみ型もジェネラリスト的であった。だが、のみこみ型のすべてがジェネラリストであるわけではなかった。スペシャリスト的な採食戦略をもっている種がいることも確認された。身近な鳥ではコゲラやルリビタキ、キビタキなどがスペシャリスト的な傾向をもっていた。

では、食性幅が狭いと予想してきた、つぶし型やつつき型はどうだろうか？　イカルをはじめとしたつぶし型の鳥はやはり、食性幅が狭いことが裏付けられた。観察記録のなかでも、イカルの食べた液果の大半はエノキやムクノキが占めており、これらの特定の液果に強い選好性をもつことが示唆された。同じくつぶし型であるシメという鳥もまた同様の傾向を示した。だが一方で、以前の文献調査では採食果実数が

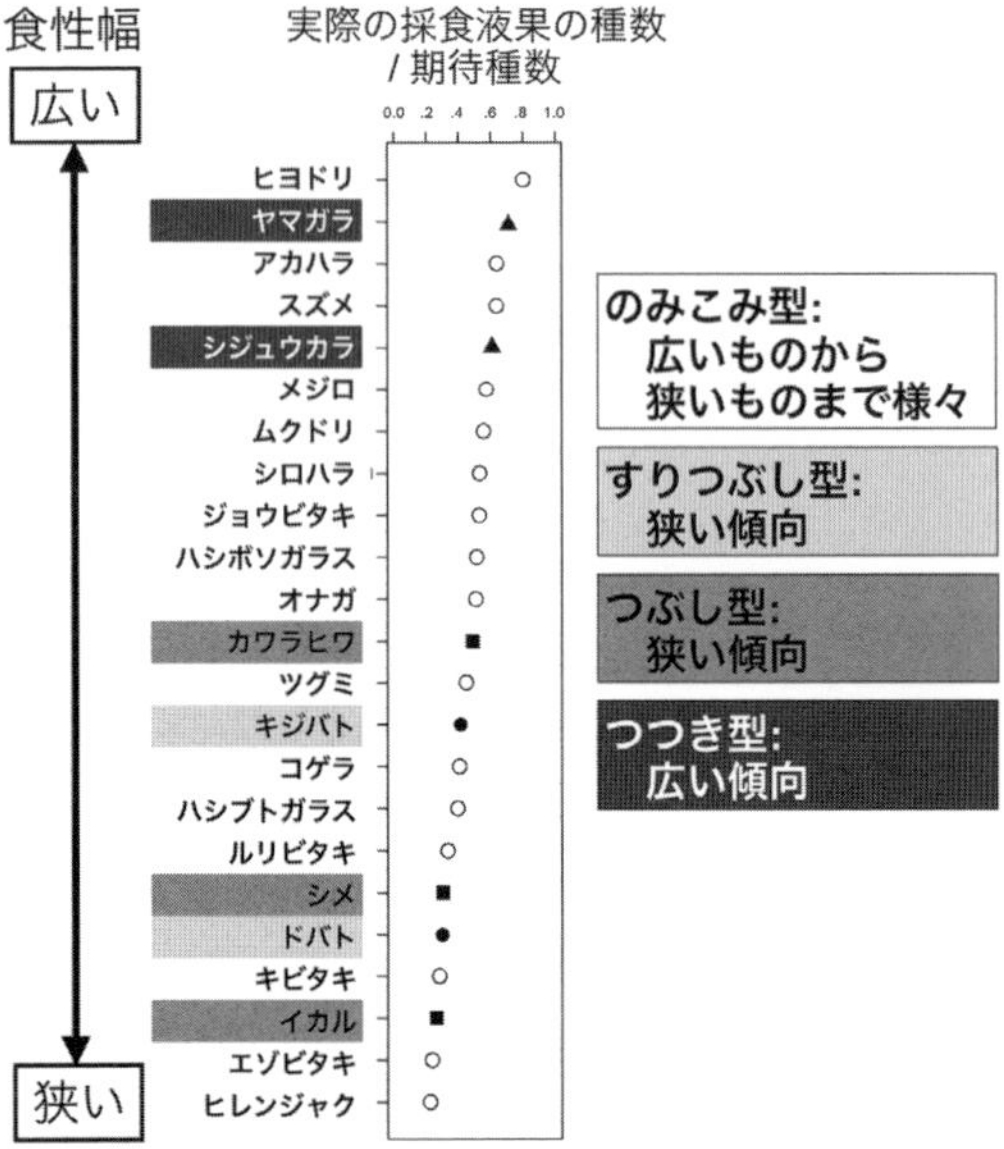

図3・11　鳥類23種の食性幅の比較．食性幅の広い種を上から順番に並べている．鳥の食性幅は，実際の採食液果種数を帰無モデルにおける期待種数で割った値．鳥の採食タイプごとに色を変えている．Yoshikawa and Isagi (2012) を改変．

少ないとされた、つつき型のヤマガラやシジュウカラでは、液果に対する食性幅は意外に広いという分析結果になった。彼らの採食メニューを見ると、いろいろな液果をすこしずつ利用していた。また、すりつぶし型のハト類も食性幅はやや狭い傾向があり、ジェネラリストとは言えないことがわかった。これも当初の予想とやや食いちがうものだ。

　私が最初に考えたシナリオは、果実を「丸呑みする」か「くちばしで砕いて種子を食べる」という食べ方のちがいによって、食性幅が決まるというものだった。割と単純なシナリオである。だがこの市民データが示していることは、液果に対する食性幅のあり方は、鳥の採食タイプだけでは明確に切り分けられるものではない、ということだ。イカルのようなつぶし型がスペシャリスト的だという点は当たっていたが、採食タイプが全面的に食性幅を決めるという考えは間違っていたことがわかった。種子散布をめぐる鳥と液果の相互作用ネットワークが、全体として多種対多種の拡散した関係だというこれまでの知見は、この研究でも支持された。だが、種と種との結びつきはけっしてランダムではないこと、鳥の中にはジュネラリストもスペシャリストもいるということ、そしてそのちがいの一部は採食タイプによって説明できるが、全部は説明できない。こうしたことが見えてきたのである。

　では、このようなのみこみ型やすりつぶし型の種間で見られる食性幅のちがいは、何が決めているのだろうか？　手持ちのデータを使ってこの問題を調べてみたのだが、明確な結論は出せなかった。可能性があるのは、体内での消化・吸収に関わる生理的なメカニズムのちがいである。同じように果実を食べている鳥でも、消化に関わる生理的メカニズムにちがいがあるかもしれない。じつは鳥のグループによって糖分の消化メカニズムに大きなちがいがあり、その結果ある種の鳥は特定の成分を利用できないことがわかっている（第4章「コラム　花蜜を吸わない鳥の謎」を参照）。これと似たような生理的な特性によって、採食できる果実が制限されて、食性幅にも影響している可能性がある。

　神奈川県鳥類目録で得られた観察記録をまとめてみると、種子食鳥三タイプによる液果採食は、全記録の二割に満たず、のみこみ型による採食が残り八割以上を占めていた。このことは、液果に来る鳥の大半は種子散布者が占めており、ほとんどの場合、種子散布が正常におこなわれていることを意味する。だが、常にその関係が維持されているわけではない。理学部植物園で見られたように、種子食鳥が液果の散布を大きく妨げることが実際に起きているのである。

ここから推測できる、鳥と液果の関係性の全体像は次のようになる。まず鳥と液果との関係は、全体としてみれば多種対多種の拡散した関係であり、そのつながりの大半は、相利的な関係が占めている。通常、両者のあいだでは助け合いの関係が優勢であり、問題なく種子散布がおこなわれているのだ。しかしイカルのような一部の種子捕食者が存在し、彼らはスペシャリスト的傾向をもつために、特定の液果ばかり破壊してしまう。だから、こうした種が好む特定の植物に目を向けると、果実にやってくる鳥の大勢が捕食者である事態が起こりえる。植物園のコバやエノキで起こっていたのは、まさにそのような特殊な事例だったと考えている。スペシャリゼーションが強い種子食鳥、とくに群れを作る種では、そうした突発的な種子捕食を起こし、その植物種の個体群に決定的なダメージをもたらすだろう。

一方このような、ある鳥が特定の植物種に強い影響を及ぼすという事態は、食性幅の狭い種子散布者でも起こりそうだ。のみこみ型のなかでもっともスペシャリスト的だったのは、冬鳥のヒレンジャク *Bombycilla japonica* だった。そしてこの鳥の採食記録がもっとも多かったのが寄生植物であるヤドリギ *Viscum album* である。ヤドリギの種子はケヤキなどの広葉樹の枝上に落ちると根を枝の中にのばし、その樹木(ホスト)の養分を吸って成長する。バードウォッチングをしている人なら、レンジャク類がヤドリギ果実を好んでいることをご存知ではないかと思う。北米から群れでやってくるヒレンジャクは、ヤドリギの果実を集中的に食べて種子を散布する。このような密接な結びつきをもつ鳥類と液果のあいだでは、その鳥の振る舞いが植物繁殖に強い影響を与えることになるだろう。そしてその植物の個体群動態や進化を大きく左右することになる。

なおおもしろいのは、世界の他地域のヤドリギ類でもスペシャリスト的な果実食鳥がいることだ（Reid, 1991）。どうもヤドリギ類は特定の種子散布者と密接な関係をもつ傾向があるようだ。ヤドリギのような寄生植物は、決まったホスト樹種の上でしか生きていけないという制約をもつ。そのためホスト上に種子を運ぶ確率の高い、特定の鳥類に散布してもらうメリットが大きく、それゆえスペシャリスト的な散布者をもつことが有利になるだろう。

一般に鳥と液果のあいだでは、多種対多種の拡散した種間相互作用があることは間違いない。だが、その中でも、こうした密接な種間関係は例外的に存在しており、そこでは少数の鳥の挙動が植物の繁殖成功を大きく変えるポテンシャルをもつ。どのような植物で、あるいはどのような条件下で、そうした密接な関係性が生じてくるのか、あるいは種子捕食のアウトブレイクが起こるのか、それを明らかにすることが今後の課題だろう。

ヘレラたちによる一連の研究によって、鳥と液果のあいだの拡散した関係性が、両者のふるまいを理解するうえで鍵となることがわかった。だがより細かく見ていくと、特定の鳥と液果のあいだでは密接な関係が存在し、共進化が起きている場合があるのではないか？　この研究はそのような可能性を示している。

コラム　散布者と捕食者のあいまいな境界

ここまでの話では、液果に対する鳥類の採食様式を四つに分類してきた。つまり、「のみこみ型」、「つぶし型」、「つつき型」、「すりつぶし型」の四つである。このうち「のみこみ型」は種子散布者であり、あとの三タイプは種子捕食者であると説明した。この分け方はおおむね妥当だが、細かく見ていくとさまざまな例外があり、散布者と捕食者を明確に線引きできないところもある。その点について補足しておこう。

まず「つぶし型」としたアトリ科やホオジロ科の鳥は、種子を壊すことは間違いないが、おそらく一部の種子については散布をしているようだ。大西洋のアゾレス諸島でおこなわれた研究では、つぶし型であるホオジロ類の糞からさまざまな草本種子が見つかっており、この海洋島における重要な散布者だということがわかっている(Heleno et al., 2011)。日本のつぶし型の種の一部も同様の働きを果たしている可能性がある。たとえばアトリ科のカワラヒワはイカルと同じく液果中の種子を潰して食べることがある。だがカワラヒワが食べる液果は、小型種子をたくさん含んだものが多い。このため種子の一部を壊さずに排出することも十分に考えられる。

「つつき型」のシジュウカラも時々種子を排出することがある。糞の中に液果の小型種子が少量だが見つかるのだ(Fujita and Takahashi, 2009)。おそらく稀に果実を呑み込むことがあるのだろう。またヤマガラは、種子捕食者であると同時に、貯食行動によって散布者となることで有名である。貯食する種子はおもにドングリ類などの堅果だが、液果の中の種子も含んでいる(榊原、一九八九)。なお、このヤマガラの貯食散布は第5章で詳しく取りあげたい。

「すりつぶし型」のハト類のなかにも種子散布者として働いているものがある。日本では森林性のアオバトがそうだ。アオバトはハト科のなかでもフルーツピジョンと呼ばれる、おもに熱帯に分布するグループに属し、液果や堅果を食べている。アオバトはヤマブドウなどの液果の種子をそのまま排泄する可能性が指摘されている（持田ほか、二〇〇三）。しかしアオバトは堅果を食べるときは間違いなく捕食者になっているようだ。一方ハト類のなかでも穀物類を主食とするキジバトやドバトは、より種子食性が強い種類であり、糞から種子が見つかったという報告はない（八木橋、二〇〇一）。おそらく砂嚢で種子をすりつぶす力が強く、液果種子に対してももっぱら種子捕食者になっているとみられる。

種子散布における動物の役割は、単純に散布者―捕食者と二分割できるものではなく、むしろ両極のあいだで揺れうごく、連続的なものとして捉えることができるだろう。また、ある植物種に対しては相利的パートナーだが、別の植物種に対しては敵対者になるというケースも少なくない。このような視点は種子散布だけでなく、花粉媒介など他の相利共生システムでの動物の役割を考えるうえでも大切になってくる。そのことは第４章で見ていきたい。

たくさんの人に支えられた研究

この研究をおこなっていた最中の二〇一〇年五月、浜口哲一先生はご病気で急逝された。支部の方から訃報を伝えられた時は信じられなかった。その二ヶ月前に神奈川大学の研究室に伺い分析についてご相談をしており、また亡くなる十日ほど前にメールで問い合わせをし、すぐに返信をいただいたところだった。後日、横浜でおこなわれた浜口先生の追悼集会に参加した。そこで、先生がいかに博物館活動や自然教育の仕事に尽力されていたか、そしていかに地域の方々から信頼されていたかを知ることができた。多くの方とのネットワークを築きあげながら自然保護活動を進め、学生の教育活動にも尽力されていたこと、そして入院されてから亡くなる直前までその仕事ぶりは変わらなかったことも伺った。先生を中心として進められてきた鳥類目録の作成は、現在も神奈川支部の有志の方により継続され、貴重なデータの蓄積を続けられている。鳥類の分布と生態を記録し続けようという意志は、確かに引き継がれている。

鳥類目録データに基づくこの研究の成果はその後、国際学術誌『ＯＩＫＯＳ』に受理された (Yoshikawa and Isagi, 2012)。その際エディターからもらったコメントの中に、〝great dataset〟という言葉がある。私が研究をおこなうことができたのは、まさにこの〝great dataset〟のおかげだった。神奈川支部の皆さんの熱意と労力がなければ、こうした研究は不可能だった。研究を認めていただいた浜口先生と神奈川支部の編集委員の方々、それに会員の皆さんの寛容さには感謝しきれない。またこの論文を出版した後、その解説を神奈川支部の支部報に寄稿したところ、それを読んだ方から何件も問い合わせをもらい、強い関心をもっていただけた。研究をした甲斐があったと思えてとても嬉しかった。

けれどもこのデータのもつ可能性をほんとうに実感できたのは、この分析を終えてしばらくして、また別の研究をはじめた時だった。そのことは次の章で紹介したいと思う。

コラム　文献で見つかった不思議な観察記録

文献調査で過去の文献をしらみつぶしに調べていると、思いがけない不思議な記録に出くわすことがある。いくつか紹介しよう。

一つはカッコウ *Cuculus canorus* がネナシカズラ *Cuscuta japonica* の種子を食べるという事例である。カッコウやその仲間の鳥は、他種の巣に産卵しヒナを育てさせる托卵習性で有名である。その行動生態についての研究は大変盛んで、進化的にとても興味深い現象が数多く見つかっている。カッコウ類は果実食や種子食ではなく昆虫食であり、とくに毛虫類を多く食べていることが知られている。毛虫をくちばしにぶら下げた姿で写真に登場することも多い。そのため種子散布の研究でカッコウが登場することは皆無である。にもかかわらず、日本でカッコウの胃内容を調べた研究では、毛虫類とともにネナシカズラの種子、それもかなりの量の種子が見つかっている（石沢・千羽、一九六八）。ネナシカズラは草原性のつる状の寄生植物で、その果実は液果ではなく、散布様式はよくわからない種である。確かに草原性のカッコウは、ネナシカズラと生息環境が重なっているのだが、種子を偶発的にのみ込んでしまうとは考えにくい。また他の果実食鳥・種子食鳥がネナシカズラの種子を食べたという記録も見たこともない。何かの間違いかもしれないが、不思議な記録である。万一読者の方に、カッコウ類の食性やネナシカズラの種子散布を調べようという方がいらしたら、すこし気に留めておいてほしい。

もう一つは、イカルによるサワガニ *Geothelphusa dehaani* の採食記録である（日本野鳥の会神奈川支部、二〇〇七）。そう、川にいるあのサワガニである。この記録をはじめて見た時はびっくりした。報告した方の記述によると、イカルの群れが山中の渓流の岸に降りているので観察したところ、サワガニを潰しながら食べていたということである。確かにあの大きなくちばしであれば、サワガニぐらいは簡単に噛み潰せるとは思う。私自身はイカルをよく見てきたつもりだったが、まさかそんなものを食べるとは想像もしなかった。イカル研究者として一度は見てみたいと思っている。

これらの記録例が示していることは、研究者個人がよく観察しているつもりでも、いかにさまざまな食物を見落としてしまっているかということである。最近はDNAバーコーディングという分子生物学的手法によって、動物の糞から餌生物種を特定することができるようになっている。また動物の体組織と餌生物の安定同位体比を計測することで餌構成を推測する手法も発展しており、直接観察では得られなかった新しい知見も生まれつつある。だがこれらの強力な最新手法でも、動物が餌をどのように食べているのかについて、あるいは食べているのが餌のどの部分かについて判断できないことも多い。動物の採食生態を総合的に捉えるためには、直接観察のデータも依然として貴重なのだ。

第4章 花をめぐる鳥と植物の複雑なネットワーク

写真提供：服部正道氏

学位をとって東京へ

鳥類と液果の関係を調べた、これまでの研究をまとめて、二〇一一年三月、ようやく博士の学位を取得することができた。これで晴れて博士である。だがそのあとの行き先はなかなか決まらなかった。博士課程の途中から大学の教員や研究員、博物館の学芸員などの公募に応募していたが、残念ながらどれも不採用だった。まあ、まわりの先輩たちも通った道であるので、ぼちぼちとやっていくしかない。そこで井鷺先生にご相談して、研究室でおこなっているDNA実験の補助などをおこないながら、これまでどおり森林生物学研究室に籍を置かせていただくことになった。博士課程で行った研究を論文にまとめたりしながら、次のポジションを求めて公募に出すことを続けていた。

幸い数か月後になって、東京大学大学院農学生命科学研究科において、研究プロジェクトに携わる研究員のポジションを得ることができた。このプロジェクトは環境省の環境研究総合推進費によるもので、東京大学農学生命科学研究科の加藤和弘先生（現・放送大学）、樋口広芳先生（現・東京大学名誉教授）を中心にしたメンバーで、伊豆諸島・三宅島における火山噴火後の生態系の現状を解明するものであった。三宅島では二〇〇〇年に大規模な火山噴火が起こり、それによって島内の生態系が大きな被害を受けた。その後、噴火で荒らされた場所に植生が回復しはじめ、それに伴って動物たちも戻りはじめている。このプロジェクトの狙いは、噴火から十年以上が経過した三宅島で、さまざまな分類群の動植物がどのように応答しているのかを明らかにするものだった。東京大学という新しい場所をベースにして、三宅島という新たなフィールドで研究できることになったのだ。

このプロジェクトで私は、鳥類センサスや植生調査の業務を担当することになった。このためにしばしばプロジェクトの先生方や同僚の岸 茂樹さん（現・農研機構）、大学院生の櫻 なささんらとともに三宅島に渡り、しばらく滞在することになった。所属先の生態環境調査室や樋口先生のおられた生物多様性学研究室は、鳥類を研究している大学院生や研究員も多く、新たな刺激を受けることができた。私がいた時期の京大は鳥類の研究者が少なかったので、鳥類学の研究室があり、たくさんの人が活発な研究をおこなっている環境に身を置けたことはとても幸運だった。

この時三宅島でおこなった研究は、まだ論文として発表していない内容もあり、また鳥とは無関係のものもあるため、ここでは詳しく紹介できないのが残念だ。だがこの海洋島という新しい環境と、そこで接した生物たちは、どれも私にとって刺激的なものだった。これまで慣れ親しんだ「裏庭」とは異なった環境と生き物を目にすることになった。そんななか、この島で繰り返し目にした光景が、鳥と植物との関係の別の側面に目を開かせてくれた。それが、鳥と花との関係である。この新しい対象を研究することになったのである。だがこの研究は三宅島のフィールドではなく、別の場所でおこなうことになった。それが、先に紹介した神奈川県鳥類目録のデータの中である。再びそこに深入りしていくことになったのだ。

なぜそんなことになったのか？　その理由は後で説明することにして、まずは私が通うことになった三宅島と、そこで出会った魅力的な生物たちについて紹介しよう。

伊豆諸島・三宅島

三宅島は東京の南、約一八〇キロメートルに位置する海洋島である（図4・1）。伊豆大島から青ヶ島へ南北に連なる伊豆諸島の一つである。この島に渡るには、東京の竹芝桟橋からフェリーに乗りこむのが一般的だ。夜の十時過ぎに竹芝を出航して、約六時間で三宅島の港に到着する。島の形はほぼ円形で、直径は約八キロメートル。車で一時間も走れば一周できるほどの大きさである。その中央にそびえるのが、活発な噴火活動を続ける雄山《おやま》（標高七七五メートル）である（図4・1a）。島を周回する都道に沿うかたちで六つの集落があり、そのまわりの低地には、スダジイ *Castanopsis sieboldii* やタブノキ *Machilus thunbergii* などの常緑樹からなる緑豊かな森がある（図4・1b）。山の斜面を登っていくと、火山ガスの影響で枯死した樹木が徐々に現れて、白い肌を見せている（図4・1c）。中腹より上部の土地は、火山噴火の跡が生々しい、火山岩で覆われた荒涼とした光景が広がる。その一部はいまだ立ち入り規制が布かれている。

伊豆諸島は、アカコッコ *Turdus celaenops* やイイジマムシクイ *Phylloscopus ijimae*、ウチヤマセンニュウ *Locustella pleskei* など、ほぼこの地域でしか見られない固有の鳥類が豊富である（図4・2）。またシチトウメジロ *Zosterops japonicus stejnegeri*、オーストンヤマガラ *Poecile varius owstoni*、ナミエヤマガラ *Poecile varius namiyei*、タネコマドリ *Luscinia akahige tanensis*、ミヤケコゲラ *Dendrocopos kizuki matsudairai*、モスケミソサザイ *Troglodytes troglodytes mosukei* といった固有亜種も見られる。その伊豆諸島のなかでも、三宅島はとくに鳥影が濃い場所であり、「バードアイランド」と呼ばれている。初夏の島の木立はイイジ

図4・1　伊豆諸島・三宅島の風景．a）噴煙を上げる雄山．b）大路池．周辺には常緑樹林が残る．c）山の上部には枯死木がめだつ．

図4・2　伊豆諸島に固有の鳥類たち．a）アカコッコ．b）イイジマムシクイ．c）タネコマドリ．d）ウチヤマセンニュウ．写真提供：（公財）日本野鳥の会．

マムシクイのさえずりで満たされる。昼なお暗い常緑樹林に足を踏み入れると、タネコマドリの高く美しいさえずりが突如響きわたり、カラスバト *Columba janthina* の呻くような不気味な声が聞こえてくる。オーストンヤマガラやシチトウメジロなどの混群が、さかんに鳴き交わしながら森を通り過ぎていく。島に来た当初は、はじめて見るアカコッコやイイジマムシクイなどの固有種に興奮したが、あまりにふつうにいるので、すぐに慣れてしまった。車で都道を走っているとアカコッコが道端から飛び出してくることもあり、まるで本州のムクドリみたいなのがすごい。島の南部にある大路池の近くには、日本野鳥の会の運営する「三宅島自然ふれあいセンター・アカコッコ館」がある。ここにはレンジャーの方が常駐されており、近くの水場にやってくる野鳥を館内から眺めることができる。まわりに広がるすばらしい常緑樹林はバードウォッチングに絶好の場所である。また三宅島とその周辺の海域では、海鳥も目にすることができる。沖合を眺めるとオオミズナギドリ *Calonectris leucomelas* やカツオドリ *Sula leucogaster* が飛ぶのが見える。季節によっては沖合にアホウドリ *Phoebastria albatrus* が悠然と旋回する姿も目にすることができるかもしれない。また島の近くの岩礁はカンムリウミスズメ *Synthliboramphus wumizusume* という希少な水鳥の繁殖地になっている。

伊豆諸島の島はいずれも、火山噴火に由来する海洋島であり、現在も一部の島は火山活動が盛んである。なかでも三宅島の雄山は活発な活動を見せており、有史以来記録された火山噴火は十五回に昇る（Kamijo and Hashiba, 2003）。それら過去の噴火のほとんどは、山腹から溶岩を吹き出す部分噴火だった。溶岩は斜面をくだり、その場所の植生を焼き尽くし、やがて冷えて固まる。時間が経つとその上に苔や草や低木が侵入し、しだいに植生が発達していく。そして何十年・何百年という時間をかけて、植生の遷移が進み、最終的にスダジイなどの優占する極相林と呼ばれる森林に至る。島内には、さまざまな時代の溶岩流の上に成立した植生が揃っており、それらを分析することで植生の遷移過程を辿ることができる（Kamijo et al., 2002）。生態学や植生学の教科書でよく紹介される、植生の一次遷移プロセスの見本を、この島で見ることができる。

その三宅島雄山に二〇〇〇年八月、未曾有の大噴火が起こった。この噴火はこれまでの多くの噴火とは異なり、山頂部の爆発を引き起こし、直径一キロメートルにおよぶ噴火口を形成した。火口からは大量の火山弾や火山灰が降りそそぎ、堆積した灰は土石流となって島内各地に被害をもたらした。島民の方は避難を余儀なくされた。加えてこの二〇〇〇年噴火で特筆されるのは、莫大な量の火山ガスを噴出したことである。その噴出量は世界的にも稀な規模だった。風下にあたる地域は火山ガスの大きな被害を受けた。その後火山活動は時を追って徐々に沈静化し、現在はガスの噴出量もきわめて少なくなっている。島民の方も帰島し、現在、人口は二五〇〇人近くまで回復している。

私がはじめて三宅島を訪れたのは、噴火から十年以上が経過した二〇一一年で、すでに火山ガスの噴出量はかなり少なくなっていた。植生の回復は徐々に進んでおり、火山灰が降り積もった雄山上部の土地も、だんだんと草本で覆われはじめていた。そして三宅島を去った二〇一四年には、目に見えて植生回復が進んでいた。参加した研究プロジェクトの目的は、火山噴火による大攪乱後の生態系回復を調べることであり、私はさまざまな植生での鳥類相を把握するセンサス調査のために、島内各地を巡っていた。島内のいろいろなところを巡るうち目にしたのは、島の冬の厳しい気候とそれを生きる鳥たちの、たくましく、したたかな姿である。そしてそんな鳥たちを支えるものとして、彼らと花との関係が視界に浮かび上がってきた。

冬の嵐をしのぐ鳥たち

この島を訪れるようになって強く印象に残ったのが、冬の気候の激しさだ。これほど厳しいものだとは、実際に来るまで知らなかった。もっとも気温自体はそれほど低くない。問題は風、そして嵐である。この島では冬季、地元の人が「てっぱつ」と呼ぶ、強い西風が頻繁に吹き荒れる。ひどい時は嵐のようになり荒れ狂う。こうした天候のせいで、本土からの定期船が欠航になることも少なくない。そんな時海に目をやると、無数の波頭が激しく高まり白く砕けているのが見えるだろう。島の斜面ではオオバヤシャブシ *Alnus sieboldiana* やハチジョウススキ *Miscanthus condensatus* が強風に煽られ、枝葉を激しく靡かせている。こうなると鳥の姿は消え、どこにも見えなくなる。どこかに隠れて息を潜めているのだろう。風に抗って飛んでいるのはハシブトガラスくらいだが、さらに風が強まると彼らも姿を消してしまう。時に雨脚が強まると視界は遮られ、十数メートル先も見えなくなる。まるで熱帯のスコールのようだ。こんな天候では調査を中止して、宿舎に戻るしかない。

夜になっても嵐は静まる気配を見せない。私たちが調査で滞在していた宿舎は、海岸から斜面を二百メートルほど上がった都道沿いにあって、まわりに遮るものが少ない。風が直接ぶつかってくるのだ。突如強くなった風に煽られ建物は断続的に揺れ続ける。壁や屋根が壊れないか心配になるほどの揺れもやってくる。風向きは目まぐるしく変化する。山から下りてきて建物の横を通り過ぎ、海に抜けたかと思えば、今度は反対の海側からも吹いてきて、いろいろな方向から建物にぶつかってくる。そんな夜は断続的に揺れる建物のなかで、風が空を切る音とゴウゴウという唸りに包まれながら、眠りにつくことになる。

だがそんな嵐の翌朝、目を覚ますと天候が一転して回復していることがしばしば起こる。風は静かになり日差しもうららかだ。すると不思議なことが起こる。途端に、森や藪のそこかしこに鳥たちの気配が戻ってくるのだ。嵐のなかで息を潜めていた鳥たちがにわかに動きだし、何事もなかったかのように木々のあいだに顔を覗かせる。静かで規則的な潮騒を背景にして、ヒヨドリの騒がしい声が森に響き、メジロのか細い声が梢から漏れ、ウグイスやホオジロの地鳴きの声も藪から聞こえてくる。

嵐と嵐の合間を縫う、束の間のこんな時間に、鳥たちがさかんに訪れるもの、それは枝先にわずかに残った果実であり、この時期点々と咲いている花々だった。伊豆諸島を代表する樹木であるヤブツバキ *Camellia japonica* の花には、鳥たちがもっとも頻繁に集まる(口絵5)。ヒヨドリやメジロが顔を花粉まみれにしている姿も、しばしば目にした。それに初冬のヤツデ *Fatsia japonica*、早春のハチジョウキブシ *Stachyurus praecox* var. *matsuzakii* やオオシマザクラ *Cerasus speciosa*。こういった花々にメジロやヒヨドリが集まる姿は、荒々しい気候をしのいで生きる彼らのしたたかさ、たくましさを感じさせ、強く心に残った。

コラム　海洋島、伊豆諸島の生き物たち

伊豆諸島の島々は今から数百万年前、海底火山の活動によって生まれた（Kaneoka et al., 1970）。今まで一度も本土と接したことがない「海洋島」であり、そのため本州と異なった生物相を見ることができる。ここだけにしかいない固有の種がいるのと同時に、本州ではふつうの種が見られなかったりもする。また本州と伊豆諸島の双方に分布している種でも、島では特有の環境に適応した形質をもっているものもいる。残念ながら私は、三宅島以外の島を訪れる機会はあまりなかったが、それでも伊豆諸島の生物たちの見せるさまざまな特徴に驚くことが多かった。幸い、多くの研究者が伊豆諸島の生物相とその進化について研究を進め、さまざまなことがわかってきた。それらの知見と合わせて、伊豆諸島の生物相について紹介したい。

まず伊豆諸島の鳥類相を眺めてみると、アカコッコやイイジマムシクイ、ウチヤマセンニュウといった、ほぼ固有の種が目につく。本州や他の場所ではほとんど見ることができない鳥たちだ。その一方で、海を隔てた本州東部でふつうに見られるエナガ *Aegithalos caudatus* やオナガ *Cyanopica cyana* といった鳥がいないという不思議な現象がある。おそらくこれらは島に辿り着けなかったか、辿り着けても定着できなかったのだろう。また本州・伊豆諸島の双方に分布している種でも、形態や行動に微妙なちがいがあるものも多い。伊豆諸島に分布するヤマガラは、亜種ナミエヤマガラとオーストンヤマガラで、これらは基亜種に比べて顔の色が濃く体も大きい。メジロの亜種で、伊豆諸島に分布するシチトウメジロは、本州の基亜種と比べてくちばしが細長く、顔つきがシャープである。また鳴き声にちがいがあるのが、ウグイス *Cettia diphone* である。あの「ホーホケキョ」というおなじみのさえずりが、三宅島では「ホーホキョ」のような、えらくシンプルな声

になっていてかわいい。このようにさえずりが単純化したのは、島での性選択の弱さによると考えられている（Hamao, 2013）。

哺乳類ではイノシシやニホンジカ、キツネといった大型・中型の種が伊豆諸島には生息していない。イタチやタヌキが伊豆大島にだけ分布し、アカネズミやニホンジネズミがいくつかの島々に分布しているくらいである。爬虫類では、伊豆諸島にほぼ固有のトカゲであるオカダトカゲ *Plestiodon latiscutatus* が生息している。また両生類は自然分布しない。

昆虫にもさまざまな固有種・固有亜種がいる。御蔵島と神津島に分布するミクラミヤマクワガタは、羽が退化して飛ぶことができないクワガタとして有名である。三宅島で興味深いのは、セミ類の中でツクツクボウシが優占種であること、そして本州では通常夏の終わりに鳴き出すこのセミが、初夏から鳴いていることだ。

動物相が本州と異なっていること、とりわけ特定の動物がいないことが、伊豆諸島の植物に特有の進化をもたらしている。まず大型の植食哺乳類がいないことによって、被食防衛のためのトゲを失った植物が現れた。サルトリイバラ *Smilax china* は林縁や藪に生えるツル性の草本であり、通常ツルのいたるところに鋭いトゲをもっている。藪の中を進むときは厄介な植物である。だが伊豆諸島の個体ではトゲがなくなっていて、触っても全然痛くない。また山菜として食べられるタラノキ *Aralia elata* も幹の周りに鋭いトゲをもっているのがふつうだが、伊豆諸島の亜種（シチトウタラノキ *Aralia ryukyuensis* var. *inermis*）はトゲを失っている（図a）。また特定の訪花昆虫がいないために一部の花の形態に進化が起こっている。本土では訪花昆虫として重要なマルハナバチ類が伊豆諸島には分布していない。そのため通常マルハナバチ類によって送粉されている花が、かたちを変えているのだ。その代表がシマホタルブクロ *Campanula microdonta* である。近縁

図　伊豆諸島で特殊な進化をした植物. a) トゲを失ったシチトウタラノキ *Aralia ryukyuensis* var. *inermis* の新芽. b) 花が小型化したシマホタルブクロ *Campanula microdonta*.

種である本州のホタルブクロ *Campanula punctata* var. *punctata* やヤマホタルブクロ *Campanula punctata* var. *hondoensis* に比べると花冠がかなり小振りになっており、より小型の送粉者に適応した形態を示している (Inoue and Amano, 1986)（図b）。

また三宅島で植物を見ていて不思議なのは、葉が大型化しているものが多いことである（上條、二〇一七）。この特徴はさまざまな樹種で見られる。タマアジサイの変種ラセイタタマアジサイ *Hydrangea involucrata* var. *idzuensis*、オオバイボタの変種ハチジョウイボタ *Ligustrum ovalifolium* var. *pacificum* などがそうである。とくにラセイタタマアジサイの葉は長さ三十センチメートルを超える、異様な大きさだ。このような葉の形質の収斂進化を引き起こしたのは、どのような環境条件なのだろうか？　おそらく島に特有の何らかの条件が関わっているのだと思われるが、まだよくわかっていない。疑問は尽きない。

固有の進化の歴史をもった生物がたくさんいる伊豆諸島であるが、近年の人間の影響によって、その生態系が脅かされていることも事実である。とくに影響が大きいのが、人の手によって持ち込まれた哺乳類である。三宅島では一九七〇年代以降導入されたニホンイタチによって、オカダトカゲがほとんど姿を消した。またイタチの捕食圧によってアカコッコやウグイスは生息場所や営巣場所を変化させるように強いられた(Hamao et al., 2009)。おそらくイタチの存在はこれらの動物だけなく、地表性や地中の節足動物にも大きな影響を与えているだろう。さらに、オカダトカゲを餌としていたサシバという猛禽類もかつては多く見られたが、今ではほとんど見られなくなっている。イタチが入ったことが、島の生態系を連鎖的に破壊したのである。固有の進化の歴史をもった生物は一度失われると二度と戻らない。海洋島という特異な環境で生き物を見ていると、そのことを実感する。

いま一度「書庫」に踏み込む

学位を取ってからは、鳥と果実との関係だけではなく、別の新しい相互作用システムも研究できたらいいなと思っていた。そんな時に三宅島で見た、鳥と花との関係、鳥たちがおこなう花粉媒介という現象は心を惹かれるテーマだった。だが島に滞在できる時間には限りがあり、十分なフィールド調査はできそうにない。プロジェクトの業務である鳥類のモニタリング調査や、訪花昆虫調査で手一杯だった。また伊豆諸島ではすでに、鳥によるヤブツバキの花粉媒介について、優れた研究がおこなわれていた(Kunitake et al., 2004. Abe and Hasegawa, 2008)。

それでも、このテーマについて何か研究できないだろうかと思い、いろいろ考えてみた。そんな風に模索していた私が、やがて向かうことになったのが、以前分析していた神奈川県鳥類目録のアーカイブだった。このデータのなかから、鳥と花との関係を捉えられないか？　そんな風に考えたのだ。

これまで鳥類目録データを分析し、そのなかに浸った経験から、ここには他にも貴重な観察記録が埋もれていることに確信をもった。そうした興味深い観察記録をコツコツ掘り出していくことは、たとえ大きな研究にはならなくても、価値あることにちがいないと感じていた。観察記録の中でとりわけ気になっていたのが、鳥類による花の吸蜜・採食の記録である。以前データを整理していた時、そういう記録が思った以上にたくさんあることに気づかされたのだ。しかも私も知らないような鳥が、意外な花を利用しているという記録も少なくない。彼らは花に対して、どのような役割を果たしているのだろうか？

ここで鳥と花の関係、とくに花粉媒介について見てみよう。花粉媒介は、種子散布と同様、植物の繁殖プロセスのなかできわめて重要なステップである。種子が実るためには、他個体あるいは自分からの花粉を柱頭で受け取り（受粉）、これにより卵細胞が受精することが必要となる。この花粉媒介のプロセスにおいても動物が重要な役割を果たしており、温帯の被子植物の約八割が動物の助けをえて花粉媒介をおこなう（Ollerton et al., 2011）。しかし、日本の動物媒花のほとんどは昆虫によって送粉される虫媒花である。

鳥によって花粉媒介される鳥媒花は、その多くが熱帯・亜熱帯地方に分布している。鳥媒花は高緯度になるほど少なくなる。その理由は、花蜜だけを食物とする花蜜スペシャリストの鳥類の分布が熱帯域に多いからだ（図4・3）。そうした花蜜スペシャリストの代表がハチドリである。きわめて小さな体で、ホバリング（空中静止）をしながら花々を飛び回る姿をご存知の方も多いだろう。このハチドリのほかにタイヨウチョウ、ミツスイといったグループの鳥類も花蜜スペシャリストで、その分布域は熱帯域と一部の温帯域に限られている。

だが日本列島にも花蜜を時折利用するスズメ目鳥類が存在しており、これらが送粉する植物がわずかに存在することがわかっている。その一つがツバキ科のヤブツバキである（図4・4）。昆虫が少ない厳冬期、ヤブツバキは大きく鮮やかな紅色の花を咲かせる。この花にメジロやヒヨドリなどの鳥が吸蜜にやってくる。鳥が花の奥にある蜜を吸おうとすると、黄色い花粉が頭や顔につく。そして蜜を吸い終わって別の花

図4・3　ハチドリやタイヨウチョウは代表的な花蜜スペシャリスト鳥類．a）ミミグロハチドリ *Adelomyia melanogenys*．b）ムラサキタイヨウチョウ *Nectarinia asiatica*．イラストは19世紀イギリスの博物学者ジョン・グールドによるもの（Gould, 1855-1860；Gould, 1861）．

図4·4　日本の代表的な鳥媒花ヤブツバキ *Camellia japonica*. 昆虫の少ない冬季に鮮やかな花を咲かせる.

に向かうと、花粉が運ばれるというわけである。この植物における鳥の送粉機能は、巧みな操作実験によって実証されている。Kunitake et al. (2004) は、ヤブツバキの訪花者相をコントロールした実験をおこない、(一) そのままの花、(二) 虫しか近づけない (鳥は近づけない) 花、(三) 鳥も虫も近づけない花、の三つの条件の花で結果率を比較した。その結果、(二) 虫しか近づけない花では結実率が大幅に低下することを示し、鳥類がヤブツバキの送粉に大きな役割を果たしていることを実証した。この研究は温帯で鳥類の花粉媒介機能を明らかにした貴重な成果である。またヤブツバキ以外では、オオバヤドリギ *Taxillus yadoriki* という寄生植物も訪花者が小型鳥類に限られ、鳥媒である可能性が指摘されていた (Yumoto, 1987)。

　このように日本列島に鳥媒花が存在すること自体は知られていたが、その数はきわめて少なく、とてもマイナーなものだというのが一般的な認識だった。しかし鳥類目録の観察記録を見ていくと、その認識はすこし考え直す余地がありそうに思えてきた。意外に多くの花と鳥が、関わりをもっているように見えるからだ。もっとも、これらの花が鳥によって送粉されているのかは、わからない。だがともかく、一部の鳥にとって冬から春に咲く花は重要な食物資源になっており、鳥と花のつながりは思っていた以上に豊かなようだ。そこで鳥類目録データから花に関する採食記録を集めて、両者の関係のあり方をとりあえず描いてみようと思った。これまで研究が手薄だった温帯の鳥と花との関係について、基礎資料くらいにはなるだろう。こんなふうにあまり大きな期待をもたずにデータ整理に手をつけたのが、この研究の発端だった。だが幸運なことに、観察記録に深入りしていくうちに、研究は思いがけない展開を見せた。

コラム　どんな花が鳥に送粉されるのか？

鳥媒花はこれまで全世界六十五科の植物で知られており、その多くが熱帯のものである。これらの鳥媒花は複数の植物系統群で独立に、ハチ媒花から進化したものと考えられている(Cronk and Ojeda, 2008)。

同じグループの動物が送粉している花は、それぞれ共通した形質をもつと考えられている。このような対応関係、あるいはこの共通形質のことを「送粉シンドローム」と呼ぶ。このような花の形質はその動物たちを誘引して送粉者として利用するべく、さまざまな植物で収斂進化したものだと考えられている。それでは鳥媒花は、どのような花形質を共通してもっているだろうか？　これまでに指摘されている鳥媒花の形態的特徴として以下のものがある(Cronk and Ojeda, 2008)。(一)花色はめだちやすい赤系統の色が多い。(二)花蜜は薄く量が多い。(三)花の匂いが乏しい。(四)花は構造的に頑丈である。いずれも鳥類を送粉者とするための適応だと考えられている。大量の花蜜は体の大きい鳥類への報酬として必要だし、頑丈な花は鳥に壊されないために不可欠である。たとえば園芸種のアロエの花は私たちの身近に見られる鳥媒花だが、その赤色の筒状の花は典型的な鳥媒花である。筒状の花の奥に花蜜があり、花は肉厚である。日本のヤブツバキの花もピンク色の花弁、丈夫な花弁など、これらの条件を満たしている。

だがこうした花の特徴は、鳥媒花であるための必要条件とはいえないようだ。これらの特徴をもたない鳥媒花もしばしば見つかっている（図）。たとえば、春先に花を咲かせるキブシ *Stachyurus praecox* という低木がそうだ。枝先に垂れた一〇センチメートル前後の花序に、小さな薄黄色の花をたくさん連ねている（図a）。早春の雑木林の風物詩といえるこの花も、鳥が送粉していることが確かめられている（藤田 薫さん、私信）が、その花弁は小さく地味な色合いで、一見鳥媒とは思えない。また同じく冬場に開くビワ *Eriobotrya japonica* の花（図b）も、花弁は白色でそれほどめだつものではないが、鳥によって送粉されていることがわかっている（Fang et al., 2009）。

送粉シンドロームという概念は有効ではあるが、そのカテゴリーを明確に線引きするのは難しいことが多

図　鳥媒が確認されている日本の花々. a）キブシ *Stachyurus praecox*（写真は亜種ハチジョウキブシ *S. praecox* var. *matsuzakii*. b）ビワ *Eriobotrya japonica*. メジロが吸蜜している. 写真提供b：服部正道氏.

いようだ。またこれに加えて、熱帯と温帯では吸蜜をおこなう鳥類の系統群が大きく異なっているため、想定される送粉シンドロームのあり方に違いが生じているのかもしれない。温帯で鳥媒花の候補となる植物を探すときには、先入観を捨てる必要がありそうだ。そうすれば新たな鳥媒植物が、意外な鳥と花とのつながりが、見えてくるかもしれない。

鳥と花との複雑な関係

そこで神奈川県鳥類目録の観察記録をまた最初からチェックしていくことにした。以前は果実食の記録だけを拾い上げていたが、今回はすべての採食記録をチェックし、採食品目ごとに分類していくこととした。つまり果実食や花食にくわえて昆虫食、魚食などすべての観察データを分類していった。そしてその中から花にまつわる採食記録だけを抜き出して、詳しく見ることにした。

観察記録を調べるうちに、花に対する鳥の採餌行動がまちまちであることに気づいた。たんに蜜を吸うだけではないのだ。記録された採餌行動には「花を吸蜜していた」、「花筒にくちばしを差し込んでいた」というものがある一方、「花を丸呑みした」、「花弁をちぎって食べていた」というものもあった。このうち前者の「花から吸蜜していた」、「花筒にくちばしを差し込んでいた」というケースでは、鳥たちが花粉を運んでいる可能性が高いだろう。一方で後者の「花を丸呑みした」、「花弁をちぎって食べていた」という事例は、明らかに花を食害しているケースである。したがってこの場合鳥は捕食者であり、植物に害を及ぼしているわけだ。鳥が花を壊していることは野外で見て知ってはいたが、このようにまとまったデータに触れて改めて、それが意外に多いことに気づかされた。鳥と液果の関係も複雑であったが、鳥と花との関係も同じようだ。このような意外な発見に後押しされて、花に対する採食行動を細かく分類しながら観察記録の整理を進めていった。

データの整理作業が終わり、いよいよ分析に取りかかる。集まった観察記録は全部で七八四件にのぼった。このなかに出現する鳥類は計二十四種、花は計六十種に達していた。訪花記録のある鳥は、メジロやヒヨドリが多くを占めていたが、その他の種の鳥も見られた。また記録に出てくる植物は、ヤブツバキやサクラ類など、鳥をよく見かける花もあったが、これまで鳥が利用すると知られていないものもあった。これだけのデータがあれば、当初考えていたように、鳥と花の関係のスケッチを描くことができそうだ。

先述したように、観察記録の内容をよく見ることで、鳥が送粉している事例と花捕食している事例を分けることができた。両者をカウントしてみると、送粉とみられる記録が四六三件ある一方で、花捕食とみられる記録も二四九件にのぼり、全体の約三割を占めていた(図4・5)。花捕食も無視できない頻度で起きているのだ。

まず分析を試みたのは、どの鳥がどの花にどのような行動をとっているか、である。データを整理した

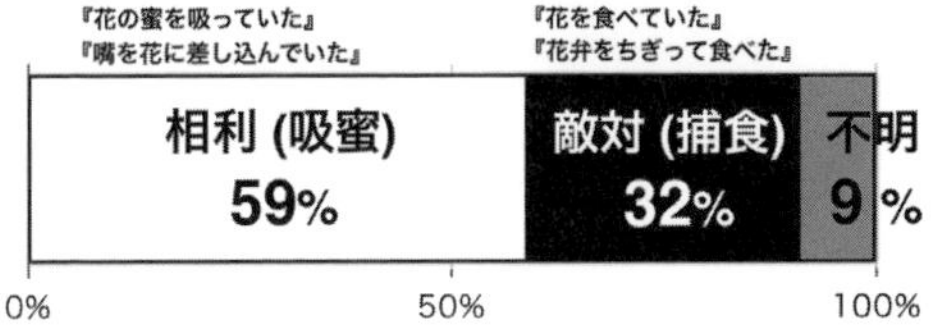

図4・5　神奈川県鳥類目録における花に関する採食エピソード全784件の内訳．花を破壊する行動がかなり多く見られた．

時の感触として、鳥の種ごとに採食行動が異なり、また花のサイズも鳥の採食行動に関わっていそうだった。そこで鳥の種ごとに観察記録を整理し、また花サイズのデータも別の文献から収集し、鳥の採食行動との関連を探った。

ここで、ある鳥がある花に対して吸蜜をしていた割合（吸蜜率）を計算した。この吸蜜率が高いほど、その鳥と花の関係は相利関係に近づき、低いほど敵対関係に近づくわけである。そこで主要な鳥の種ごとに吸蜜率と花サイズとの関係をグラフに描いてみた。するとそこに現れたのはとても明快で美しいパターンだった（図４・６）。

まず記録数がもっとも多かったメジロは、小さい花を利用する傾向をもち、ほとんどの場合吸蜜をしており、もっぱら送粉者として働いていることがわかった（図４・６ａ、図４・７ａ）。一方メジロと対照的なのが、スズメやウソといった鳥たちだ。彼らは花を壊して捕食者となっていることがほとんどだった。この二種は太いくちばしをもっており、とくにつぼみの時期の花を潰してしまうことが多かった（図４・６ｃｄ、図４・７ｄ）。

そしてもっとも興味深いパターンを示したのが、メジロについで記録数が多かったヒヨドリである（図４・６ｂ）。ヒヨドリは非常に多種の花を利用しており、果実に対してそうだったように、ジェネラリスト的な傾向を示したが、その採

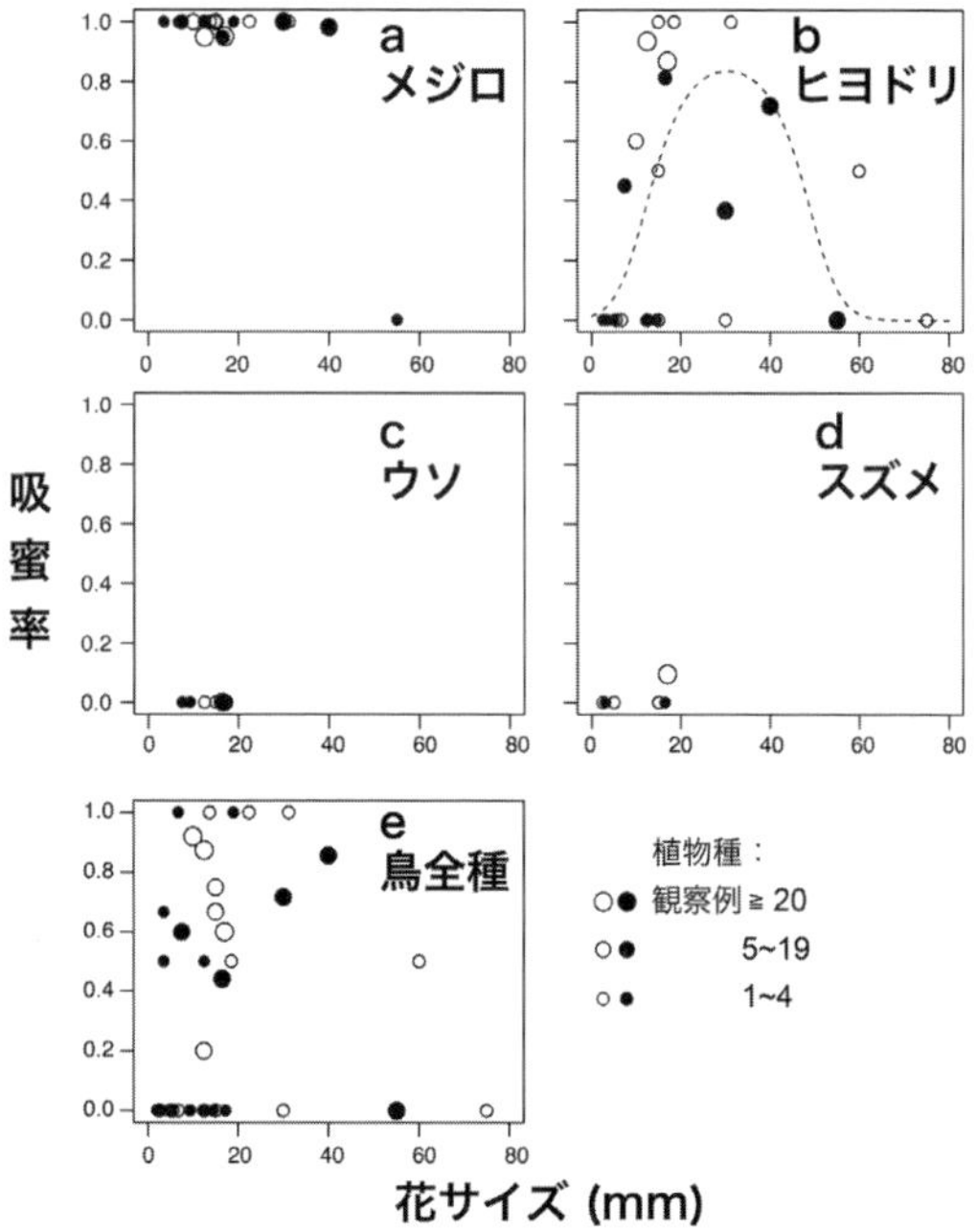

図4・6　鳥４種（メジロ・ヒヨドリ・ウソ・スズメ）とすべての種における吸蜜率と花サイズの関係．それぞれの点が１植物種を指す．点の大きさが観察例数と対応している。黒は在来植物種，白は園芸種や外来種．Yoshikawa and Isagi (2014a) のグラフを改変．

食行動は植物種によってひどく異なっていた。つまりヒヨドリはある種の花に対しては送粉者になり、別の種の花に対しては捕食者になっているのだ。おもしろいことに、ヒヨドリの吸蜜率は中サイズの花で高く、大サイズや小サイズの花では低くなる一山形になった（図4・6b）。花のサイズによって採食行動を可塑的に変えているのだ。観察記録の内容を詳しく見てみると、小さい花に対しては全体を丸呑みする行動が多く、大きな花は花弁をちぎって食べる行動がめだっていた（図4・7c）。一般に生物種間の相利共生関係はけっして固定的なものではなく、条件によ

図4・7　花から吸蜜する鳥たちと花を破壊する鳥たち．a) ウメの花を吸蜜するメジロ．b) サクラ類の花を吸蜜するヒヨドリ．c) ヤブツバキの雄蕊を破壊するヒヨドリ．d) サクラ類の花を破壊して盗蜜するスズメ．写真提供：服部正道氏．

って移ろいやすい不安定な側面ももっている（「コラム　相利関係と敵対関係の連続性」を参照）。送粉者であり捕食者でもあるというヒヨドリの採食パターンは、この事実を鮮やかに示している。

最後に、すべての鳥をまとめたうえで吸蜜率と花サイズの関係を調べてみた（図4・7e）。このグラフも花サイズの中間で吸蜜率が高くなる一山型の曲線を描いており、ヒヨドリのグラフとほぼ同様であった。つまり、鳥による花粉媒介の効果は中型サイズの花で高く、大型や小型サイズの花では低いということになる。

鳥の採食行動についてこうした詳細な分析ができたのは、まったく思いがけないことだった。鳥と花の関係の意外な側面が、鳥類目録データに残された詳細な記録によって見えてきたのである。神奈川支部の編集委員の方はこのデータを収集するにあたって、鳥の行動も詳しく記述することを重視されていた。このデータ収集の方針があり、それに応えた観察者の方々の熱意があってはじめて、こうした関係が見えてきたのである。

コラム　相利関係と敵対関係の連続性

動物と植物は、送粉や種子散布などさまざまな相利関係を結んでいる。だがこうした動物たちは、植物を助けようという善意で相利関係を結んでいるわけではない。動物がやってくるのは花蜜や果肉という食物を得るためであり、それに付随して送粉や種子散布という機能を発揮しているだけである。そして花や果実の構造は、動物がこれらの機能を果たすよう誘導するべく進化してきた。だがもし動物にとってもっと効率的な採餌方法が見つかれば、たとえ植物にとって不都合なものでも、動物はそれを選ぶ。動植物間の相利関係は安定した不変の状態ではなく、条件によっては容易に敵対関係に移行するのである。

これは、果実食鳥と液果の関係にも当てはまる。のみこみ型の鳥類は果実を呑み込んで種子散布を果たすが、この相利関係は鳥のくちばしと果実の大きさのバランスという条件によっている。くちばしに比べて非常に大きな果実は果実食鳥も呑み込むことができないので、その場合は果肉をつついて食べるだけになる(Rey et al., 1997)。もちろんこれでは植物の種子散布に貢献することはない。冬場カキの実に群がっているヒヨドリやツグミ、メジロなどを見ることがあるが、彼らは果肉をつついているだけで種子散布には貢献せず、植物を害しているだけである。

今回の神奈川県の観察記録を見るかぎりでは、メジロは花を破壊することがほとんどなく、植物にとって理想的なパートナーのように思える。しかしメジロと花との相利共生関係もけっして不変のものではない。場所が異なると両者の関係はちがった相貌をみせる。沖縄や小笠原の島々では、メジロが花から蜜だけを抜きとる盗蜜をおこなうことが知られている（上田、一九九九；籠島、二〇一二）。筒状の花の基部にくちばしで穴を開け、蜜だけを吸い出すのである。基本的に盗蜜は花粉媒介には貢献せず、植物繁殖に悪影響を与えるだけだ。メジロが盗蜜をおこなうのはおもにハイビスカスなどの外来種に対してだが、在来の花の一部にもおこなっているようだ（籠島、二〇一二）。さらに興味深いのは、盗蜜をするメジロは特定の島の個体群に限られているという点である（上田、一九九九）。このことが示唆するのは、メジロが盗蜜行動を学習していること、そしてこうした盗蜜の文化が形作られ、それが伝播していく可能性である。メジロの盗蜜文化がどのように広がっていくのか、そして結果として植物の繁殖成功がどのように変化するのか、さらにはこれに対抗して植物がどのように進化するのか、ここにはおもしろい現象がいろいろありそうだ。

相互作用ネットワーク分析とは何か？

つぎに、鳥と花のつながり全体を浮き彫りにするために、ネットワーク分析というアプローチを試みた。目録データの観察記録に基づいて、鳥と花のあいだの相利共生相互作用ネットワークを描き、これを分析するのだ。
ではここから、ネットワーク分析とは何か、説明したいと思う。このアプローチは近年さまざまな分野で発展しており、生態学の分野でも取り入れられるようになっている。その狙いは、個々の生き物の生態ではなく、群集の中の複数の種の関わり全体のパターンを見ることにある。すこし抽象的で専門的な内容になるのだが、生物同士の関係性を抽象化して眺めるアプローチがあること、そしてこれにより生物同士の相互作用の見え方がスリリングに変化する、そのことを伝えられたらと思う。

そもそもネットワークとは何だろうか? それは複数の点とそれらをつなぐ線を合わせたものである。その一例は鉄道の路線である。駅という点が、線路という線でつなぎ合わされているからだ。専門用語では点のことをノード(node)、線のことをリンク(link)あるいはエッジ(edge)と呼ぶ。ネットワーク分析とは、ノードとリンクのつながり方を分析することで、対象の全体構造を捉え、その働きや振る舞いを理解しようとするものである。もともとこうした分析は数学の一分野からはじまり、その後さまざまな分野に応用されるようになった(「コラム　ネットワークサイエンスと生態学」を参照)。生態学においてこのアプローチはおもに、生物群集での種間の相互作用を分析するために用いられるようになっている。ここでは種をノード、種と種の相互作用をリンクとして捉えることで、種間相互作用全体を一つのネットワークと見なすことができるのだ。そのなかでも、互いに対になった二つの生物グループのあいだに見られるものを二部ネットワーク(bipartite network)と呼び、その構造が盛んに分析されるようになっている。た

a. 行列(マトリックス)による表示　b. 二部ネットワークによる表示

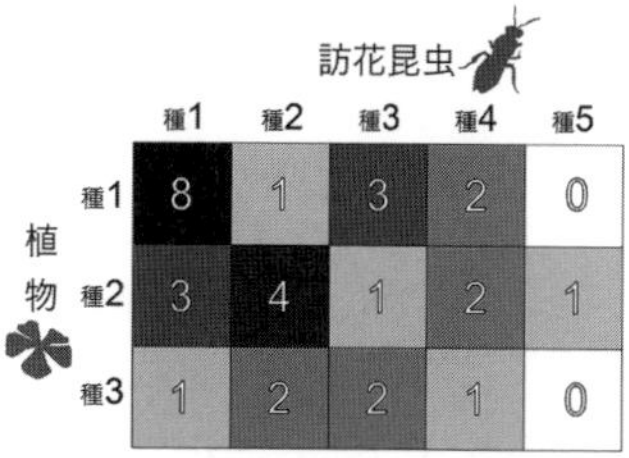

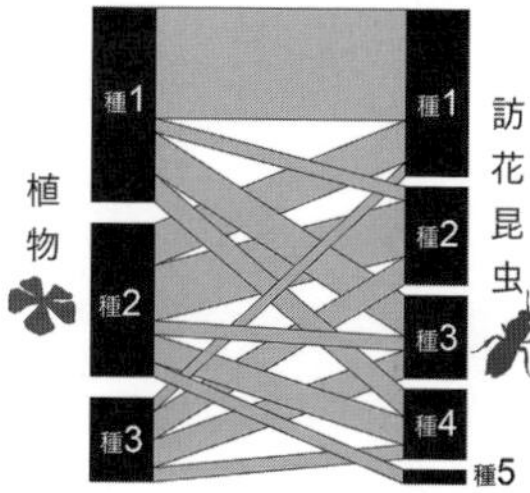

図4・8　種間相互作用ネットワークの表し方．同じ相互作用パターンを、行列(左)とネットワークグラフ(右)で表示している．ここでは３種の花に５種の訪花昆虫がやってきた状況を示す．

とえば、鳥類と液果の相利関係、樹木と植食性昆虫の敵対関係、哺乳類と寄生者の寄生関係などが、こうした二部ネットワークにあたる。

生物間の相互作用は大きく分けて、相利関係と敵対関係の二つのタイプがある。そしてこのどちらもが多様なシステム（系）を含んでいる。相利関係のなかには虫媒花と訪花昆虫の関係、液果と果実食鳥の関係、アリ防衛植物とアリとの関係、花外蜜腺をもつ植物とアリとの関係などのシステムがある。敵対関係としては、植物と葉食者の関係、哺乳類と寄生者の寄生関係など、さまざまなシステムを挙げることができるだろう。

ここで例として、虫媒花と訪花昆虫の相利的な二部ネットワークを考えてみよう。ここで考えるのは一定の時間内のモニタリングで、三種の花で五種の昆虫が観察できた、という状況だ。これを行列（マトリックス）で表すと図４・８ａのようになる。ここでは縦の行が植物種を、横の列が昆虫種を表している。交差するセルの色の濃さが種間の相互作用頻度を表している。セルの中の数字はその種間で相互作用が観察された回数を表している。たとえば植物種１と昆虫種3の相互作用が観察された回数は3回になる。同じデータを別の方法で書いたものが図4・8bである。グラフ左側に植物種が、右側に昆虫種が並んでおり、左右を繋ぐ帯の存在が両者の相互作用を示している。それぞれの帯の太さは種や相互作用の頻度に比例しており、幅が広いほど頻繁に記録されていることを示している。

このように生物種間の関係をネットワークとして表すことができるのは理解してもらえると思う。では なぜ、こうした相互作用ネットワークを描き、その構造を知ることが大切なのだろうか?

その理由は大きく分けて二つある。

第一の理由は、こうしたネットワーク構造が、生物群集全体の振る舞いを予測する手がかりになることである。一対の生物グループが相互作用をもち影響しあっているケース、たとえば先ほどの虫媒花と訪花昆虫の相利ネットワークを考えてみよう。ここから昆虫が一種いなくなると、その種が送粉をしていた植物種も負の影響を受ける。すると今度はこの植物を吸蜜している他の昆虫も負の影響を受けるかもしれない。このようにしてある種の動向が他の種につぎつぎと波及していくことは容易に想像がつく。だが、その結末を予測することは通常とても難しい。なぜなら生物たちが複雑な網の目の中で影響し合っているからだ。そこでこの問題を解決する糸口として、ネットワーク構造に着目することが有力だと考えられている。たとえば、さまざまな構造をもつネットワークをコンピューター上で作り、その中でシミュレーション実験をすると、どのような構造のネットワークで絶滅の連鎖が起きやすいのか、どのような種が絶滅するとその影響が他の種に波及しやすいのかを知ることができる。そしてこうした知見が集まれば、現実のネットワークの構造から、その群集の安定性などを推測できる、というわけである。

第二の理由は、ある相互作用のネットワーク構造は、それを形作ってきた進化的なプロセスを反映しているため、ネットワーク構造を分析することで、それらを解明する手がかりが得られるという点である。現在の群集における相互作用のパターンは、長い時間をかけて共進化や種分化といった進化プロセスが作り上げてきたものだと考えられる。そこで、さまざまなタイプやシステムの相互作用のネットワークを集めてきて構造を調べれば、それぞれの相互作用タイプ・システムの共通点を見えてくるし、それを生みだした進化的プロセスも炙りだすことができるはずだ。これがネットワークを分析する、大きな狙いの一つである。ここで比較の鍵となるのが、相互作用のタイプやシステムのちがいである。たとえば同じ植物が関わっている相互作用でも、訪花昆虫との相利的送粉ネットワークと、植食性昆虫との敵対ネットワークは、相互作用タイプがまったく異なっている。そこでそれぞれのネットワークを世界中でたくさん集めてきて、それぞれの構造を測定してみると、システムに固有の特徴をあぶり出すことができるわけだ。つまり、ネットワークの分析によって、今まで直感的に捉えられてきたそれぞれのシステムの関係のあり方が、定量的に把握できるようになった。その具体的な内容を次の節で見てみよう。

ネットワークの構造とそれが意味するもの

生態学において相互作用ネットワーク分析がもたらした大きな成果は、ネットワーク構造を測るいろいろな「ものさし」を開発したこと、そしてこれによってそれぞれの相互作用システムに共通する普遍的な構造を発見したことにある（図4・9）。最初に明らかになったのは、入れ子構造（ネステッドネス）と呼ばれる性質である（Bascompte et al., 2003、図4・9ａ）。この入れ子構造の度合いは、次のようにして測ることができる。まず種間の相互作用を図4・8ａのような行列で表す。つぎに行と列の種をパートナーの数の多い順番で並べなおす。そうした時に、相互作用のあり方（つまり相互作用の頻度のパターン）が入れ子状になる度合いが「入れ子性」である。ちょっとわかりにくいのだが、入れ子性が高いネットワークの特徴は、一方の生物グループにおけるジェネラリストが、もう一方の生物グループのスペシャリストと関係をもつ点にある（図4・9ａ）。数理シミュレーションを使った研究によると、相利ネットワークの入れ子性が高くなると群集の安定性が高まり種の絶滅が起こりにくくなる可能性が示唆されている（Okuyama and Holland, 2008）。

この発見を嚆矢として相互作用ネットワークの研究は大きく進展し、さまざまな構造特性が注目され、それらを測る「ものさし」が提案されるようになった。その一つに特殊化（スペシャリゼーション）という特性がある（Blüthgen et al., 2007）（図4・9ｂ）。これはネットワークの中で種と種との間の関係がどれだけ特殊化しているのかを示す指標である。動物種の利用する資源が限られており動物種間での重複が少な

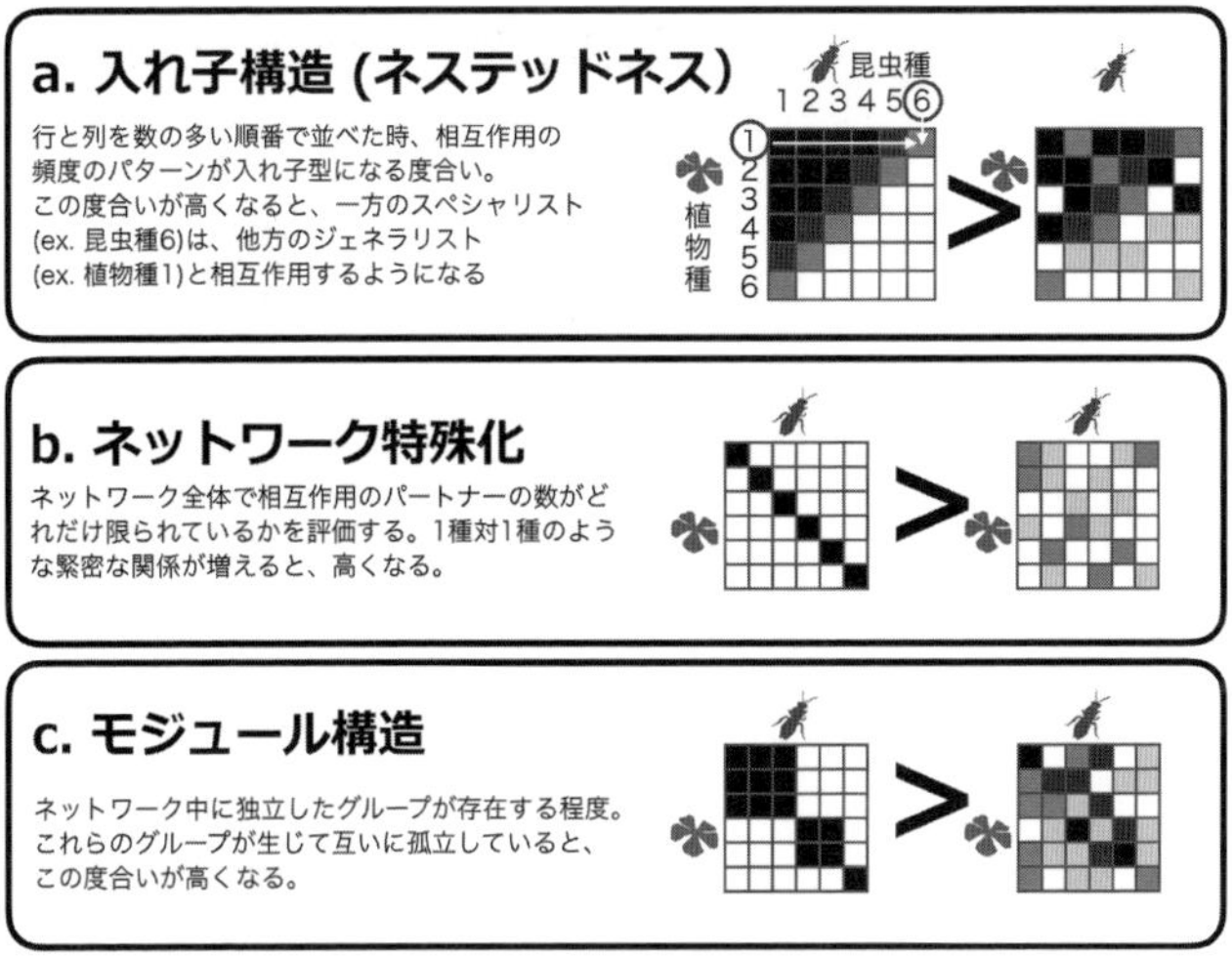
a. 入れ子構造（ネステッドネス）
行と列を数の多い順番で並べた時、相互作用の頻度のパターンが入れ子型になる度合い。
この度合いが高くなると、一方のスペシャリスト(ex. 昆虫種6)は、他方のジェネラリスト(ex. 植物種1)と相互作用するようになる
昆虫種
1 2 3 4 5 6
植物種
1 2 3 4 5 6
b. ネットワーク特殊化
ネットワーク全体で相互作用のパートナーの数がどれだけ限られているかを評価する。1種対1種のような緊密な関係が増えると、高くなる。
c. モジュール構造
ネットワーク中に独立したグループが存在する程度。これらのグループが生じて互いに孤立していると、この度合いが高くなる。

図4・9　代表的な相互作用ネットワークの構造．a) 入れ子構造．b) 特殊化．c) モジュール構造．

いとき、たとえば一種対一種の関係が多い時、この度合いが高くなり、その反対の時に低くなる。なお第3章で果実食鳥のスペシャリゼーションについて見てきたが、それらは鳥の種についてのもの（つまり食性幅）だった。今ここで扱っている性質は個々の種ではなくネットワーク全体に対して定義されるものである。

またモジュール構造という特性も大切である（図4・9c）。これはあるネットワークの中に独立的なグループが見られる程度のことを指す（Olsen et al., 2007）。互いに緊密な相互作用をもつ種のグループがネットワーク中に見られる時、モジュール構造が生じる。こうした種のグループをモジュールあるいはコンパートメントと呼ぶ。ではこのモジュールは、どのようにして生じたのだろうか？　有力な説の一つは種間の共進化の結果として生じたというものである。特定のグループの中だけで共進化が進む

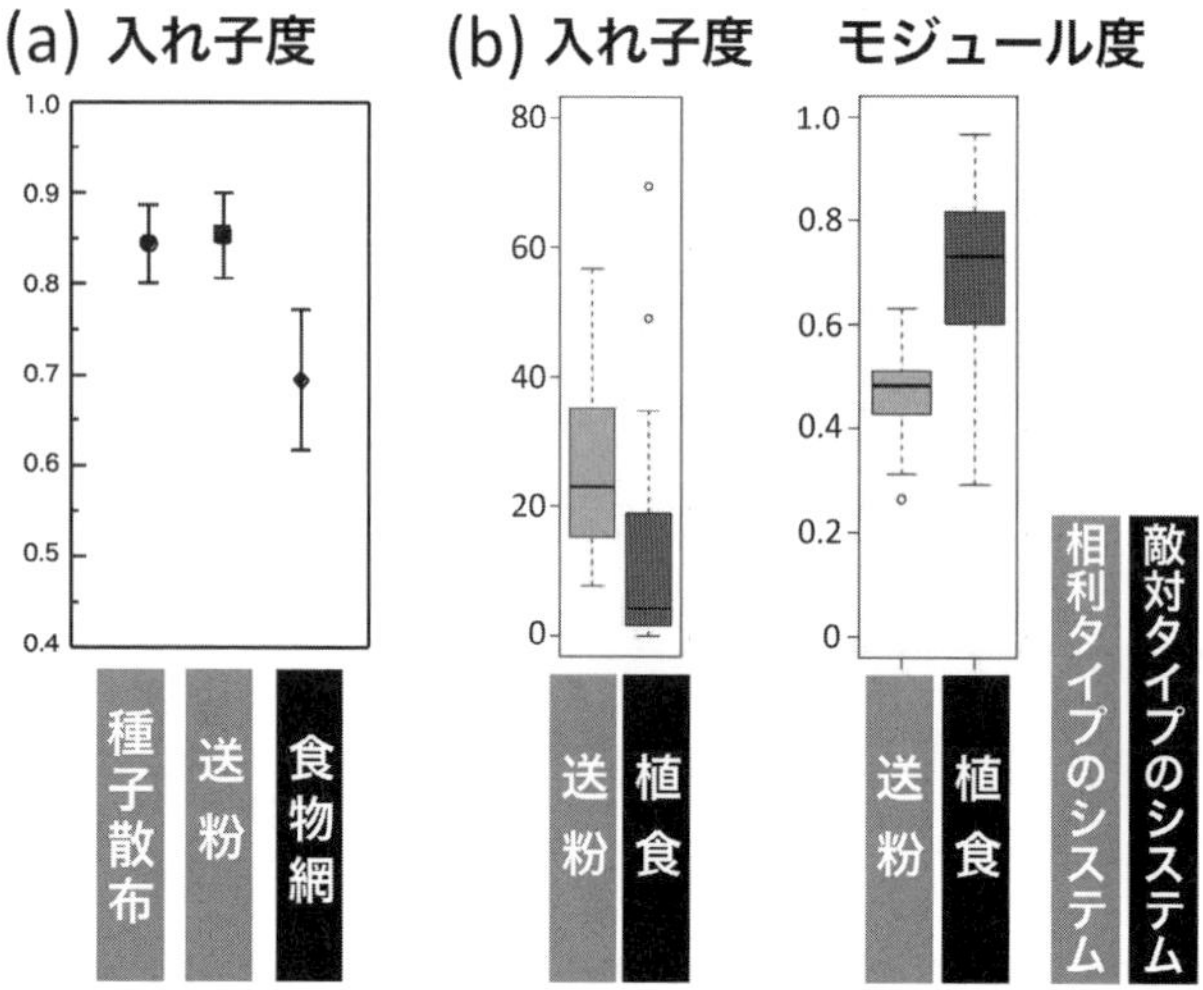

図4·10　相互作用のタイプやシステムによる構造のちがい. a) 入れ子度の比較. 左より種子散布, 送粉, 食物網内被食-捕食の関係の入れ子度. Bascompte et al. (2003) PNAS 100: 9383-9387を転載. Copyright (2003) National Academy of Sciences, U.S.A. b) 植物と送粉者および植食昆虫との関係の入れ子度・モジュール度. なお入れ子度指標はaと異る. Thébault and Fontaine (2010) Science 329: 853-856をAAAAの許可を得て転載.

と、それらの動植物はグループ外の種と相互作用をしなくなり、その結果モジュール構造ができる。たとえば、イチジクとイチジクコバチのような、互いの存在なしには生存できないほど密接な共生関係（絶対共生系）が進化すると、送粉ネットワークのなかに閉じたモジュールを生むことになり、したがってネットワーク全体のモジュール性も引き上げることになる。

ここで重要なことは、こうした構造特性が相互作用の種類やシステムのそれぞれで大きく異なっているということだ。これこそネットワーク分析が明らかにした大きな成果の一つである。前章で紹介した、スペインの種子散布の研究者ペドロ・ジョルダーノは、数理生態学者であるジョルディ・バスコンプテらとともに、世界各地の相利共生系のデータ（送粉系と種子散布系、合計五十二例）と食物網（食べる－食べられる関係）のデータ（十四例）を収集し、それぞれの入れ子性を比較した。その結果、相利共生系では一貫して入れ子性が高く、食物網では低いという鮮やかなちがいを発見した（Bascompte et al., 2003; 図4・10a）。またドイツのニコ・ブリュッヒゲンたちは、スペシャリゼーションついても同様のちがいを見つけている。彼らが発見したのは、同じ相利共生系でもシステムによってスペシャリゼーションの程度が大きく異なるということである。送粉やアリ防衛植物のネットワークではスペシャリゼーションの値が大きく、液果と動物の種子散布のネットワークではこれが低いのだ（Blüthgen et al., 2007）。種子散布をめぐる関係は多種対多種の拡散したものだという、以前から言われていた考えを定量的に示したのだ。さらにモジュール性という性質もシステム間で異なり、花と訪花昆虫の送粉システムでは低く、植物と植食昆虫の敵対システムでは高いことがわかっている（Thebault and Fontaine, 2010; 図4・10b）。研究者たちは、個々の種の振る舞いだけではなく、それらの種の相互作用全体を測る、新たな「ものさし」を手に入れた。そして各システムの共通点と相違点を炙りだせるようになったのだ（東樹、二〇一六）。

コラム　ネットワークサイエンスと生態学

はじめてネットワークという対象を発見し、その分析に取り組んだのは、グラフ理論と呼ばれる数学の一分野である。ここでのネットワークは純粋に抽象的な対象として理論的に扱われているものだった。だがやがて、そのようなネットワーク構造が、さまざまな分野で独立に見つかりはじめた。たとえば、社会学では社会における人間同士のつながりが、分子生物学では酵母内でのタンパク質の相互関係が、情報科学ではウェブページとその間のリンクの構造が、すべてネットワークとして捉えられる対象であることが明らかになり、その分析が進められた。一九九〇年代になると、それらを総合したネットワーク科学というべき分野が爆発的に発展した。インターネットやデータベースの普及によって、ネットワークに関する経験的なデータが膨大に記録され活用されるようになったことも、この分野の発展を後押しした。その結果、まったく異なった対象からできたネットワークに、驚くほど類似した共通の構造が発見されたのだ。その一つが「スケールフリー性」と呼ばれる構造である(バラバシ、二〇〇二)。これはノードの次数(つながっているノードの数)の分布が、ベキ乗則に従うという性質である。この性質を示すネットワークは、きわめて多くのリンクをもつノードが、少数存在するという特徴をもつ。たとえばインターネットのウェブサイトでは、大多数のサイトはつながる相手がわずかだが、ごく一部のサイトが膨大な数のサイトとリンクしている(このようなサイト＝ノードをハブという)。こうした共通の構造が、まったく実体の異なるさまざまなシステムで見つかり、普遍的な構造ではないかと考えられるようになった。興味のある方は、この分野にブレークスルーをもたらした物理学者アルバート・ラズロ・バラバシによる一般書(バラバシ、二〇〇二)などを参照されたい。新たな研究分野が開拓されるときの熱気が感じられる本で、とてもおもしろい。

このネットワーク分析の潮流は生態学分野にも及び、二〇〇〇年代になるとその応用が模索されはじめた。生態学ではとくに、群集における生物種間の相互作用の構造を分析してその振る舞いを予測するために、このアプローチが有望だと考えられ、活発な研究が進められている。群集における生物種間の相互作用の代表は、種間の「食う—食われる」の関係である。この関係は、種をノードとして、食べる関係を(向きのある)リンクとするネットワークとして捉えることができる。この関係は、従来ピラミッド型のいわゆる「食物連鎖」というかたちで知られているが、実際に種と種の関係を詳しく描いていくと、そのような単純な構造では捉えられず、複雑なネットワークとして描かれるのである。また相利関係などの一部ネットワークの分析が進み、生物間相互作用システムに特有の新たな構造特性が提唱されるようになった。それらが先に紹介した入れ子構造や特殊化などのパターンである。詳しくはDormann et al. (2009)、東樹(二〇一六)などを参照されたい。

このようにネットワーク分析は、野外で見られる種間相互作用のパターンをうまく特徴づけることに成功し、その構造の理解を大きく進めた。また一方で、理論研究によって特定のネットワーク構造と群集の振る舞いを関連づける試みが多くなされており、どのような構造が群集の安定性につながるのか理解も進んだ。だが実際の生態系における相互作用ネットワークの構造が、ほんとうに系の安定性につながっているのかどうか、野外実証はほとんどなされていない。そのため、観察されたネットワーク構造の意味合いは慎重に議論することが必要である(東樹、二〇一六)。

鳥と花のネットワークを紐解く

さて、ここまで相互作用ネットワーク分析について長々と説明してきた。こうしたアプローチを念頭において、花と鳥の関係をどう分析したらよいか考えはじめた。先に述べたように、花にまつわる観察記録は全部で七八四件、そのなかに出現する鳥類は計二十四種、花は計六十種だった。そのなかから鳥が吸蜜していると確認できたものだけを抜き出してみた。ここに出現した鳥は全部で七種、植物は二十四種にのぼった。鳥の種としてはメジロとヒヨドリが記録の多くを占めていた。

確かにこれだけのデータがあれば、鳥と花の相利関係のスナップショットを描き、その構造を「ものさし」で測ることができそうだ。だが、それだけではどこか物足りない感じがしたし、何かもっと別のことを解析できそうな手応えもあった。そう感じながらデータを見直したり関連論文を読んだりすることが続いた。

やがていくつかの論文に出会うことによって、このデータの見方を大きく切り替えることができた。そんな論文の一つが、龍谷大学の舞木昭彦さん（現・島根大学）と近藤倫生さん（現・東北大学）による理論生態学の論文だった（Mougi and Kondoh, 2012）。『Science』誌に掲載されたこの論文は、相互作用ネットワークが安定する条件を、これまでにない視点から分析していた。それは相互作用の種類の多様性である。今までのネットワークの研究は、野外研究でも理論研究でも、一種類の相互作用だけを考えてきた。つまり、相利関係だけでできたネットワーク、あるいは敵対関係だけでできたネットワークを想定し、その振る舞いを調べるというアプローチだった。それに対して舞木・近藤の論文が想定したのは、相利関係と敵対関係が入り混じった混合ネットワークである。そしてこの混合ネットワークにおいて、二つの相互作用タイプの比率が変わるとネットワークの振る舞いがどう変化するかという、まったく新しい視点を追求したのである。コンピューター上のシミュレーションの結果、複数タイプの相互作用が混じり合った場合、ネットワークが安定することが明らかになった。混合ネットワークを見ることの重要性を示したのだ。

この論文を皮切りに、関連した文献を読みすすめるうち、次のことがわかってきた。まず複数の相互作用タイプを含んだ混合ネットワークを考えることがとても重要であること、だがそんなネットワークの現実のデータはほとんど集まっておらず、その構造の特性について何もわかっていない、ということである。

そんな風に論文を追っている中で、ふとあることに気づいた。今自分の手元にある鳥と花とのネットワークはまさに、まだほとんど存在しないと言われていた混合ネットワークそのものではないか、ということである。これまで見てきたように、鳥類目録の記録には、吸蜜の観察記録だけではなく、かなりの量の花捕食の観察例もあった。だからこの相互作用用ネットワークは相利関係と敵対関係の両方を含んでいるはずだ。さらに、ヒヨドリが送粉者にも捕食者にもなっていることからもわかるように、この二種類の相互作用システムは共通の種を含み、深く絡み合っていると言える。これまでは相利関係のことしか考えていなかったけれども、二つの異なるネットワークを同時に分析しその構造を比較できるのではないか？　そんなことを思いついた。今思い返してみると当たり前の発想に思えるが、それまではずっと相利関係しか

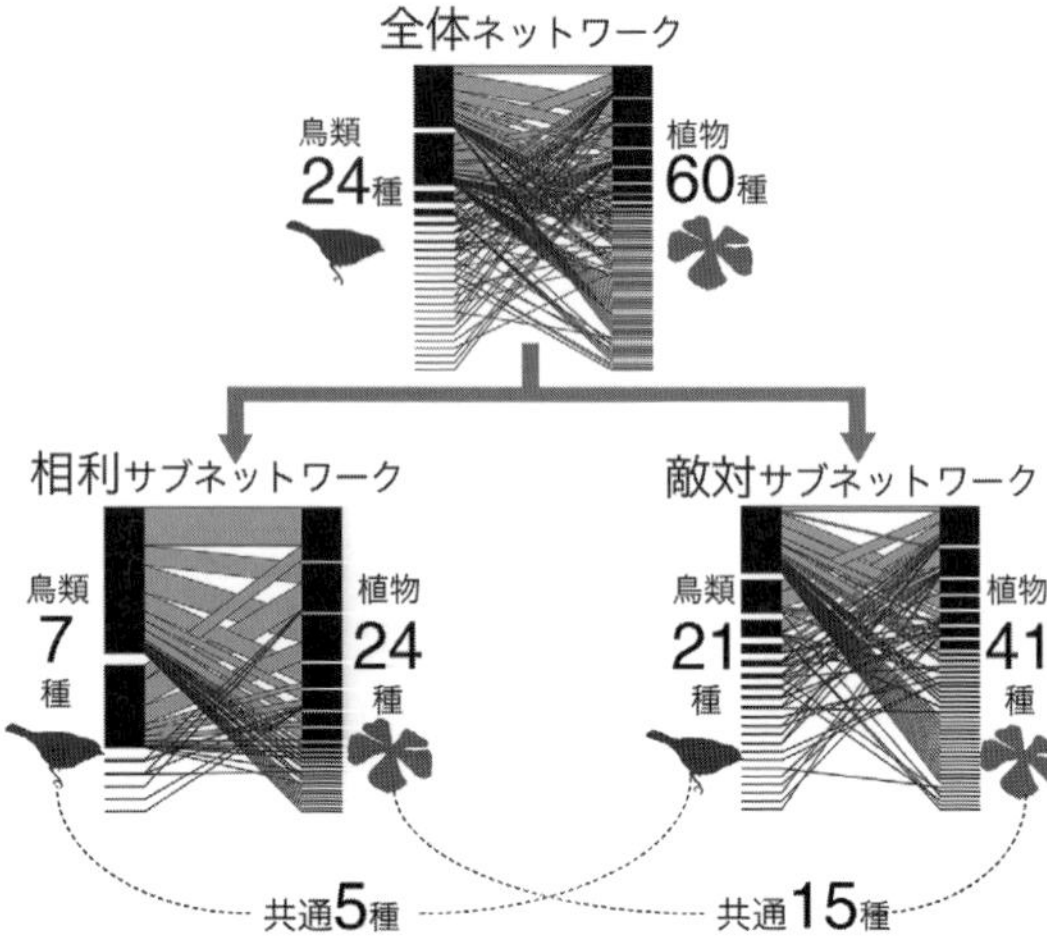

図4・11　花に対する鳥の採食行動を詳しく見ることで，鳥と花との全体ネットワークを２つのサブネットワーク(相利・敵対)に分けることができた．両サブネットワークは多くの種が共通している．Yoshikawa and Isagi (2014a)のグラフを改変．

見えていなかったのだ。

そこでデータを確認してみたところ、敵対関係のデータも、ネットワーク分析をおこなうのに十分な量があることがわかった。これで鳥と花のあいだの複雑なネットワークを、紐解くことができるはずだ。

そこで早速、相利サブネットワークと敵対サブネットワークを可視化してみる。それが図４・11である。二つのサブネットワークには構造的なちがいがありそうだ。そこで二つのサブネットワークの構造をそれぞれ詳しく調べてみることにした。注目したのは、入れ子構造・特殊化・モジュール構造の三つの特性である。コンピューター上のプログラムでそれぞれの構造の指標を計算してやる。二つのタイプの相互作用ネットワークにはどのような特徴があるだろうか？　そして構造のちがいは存在するだろうか？

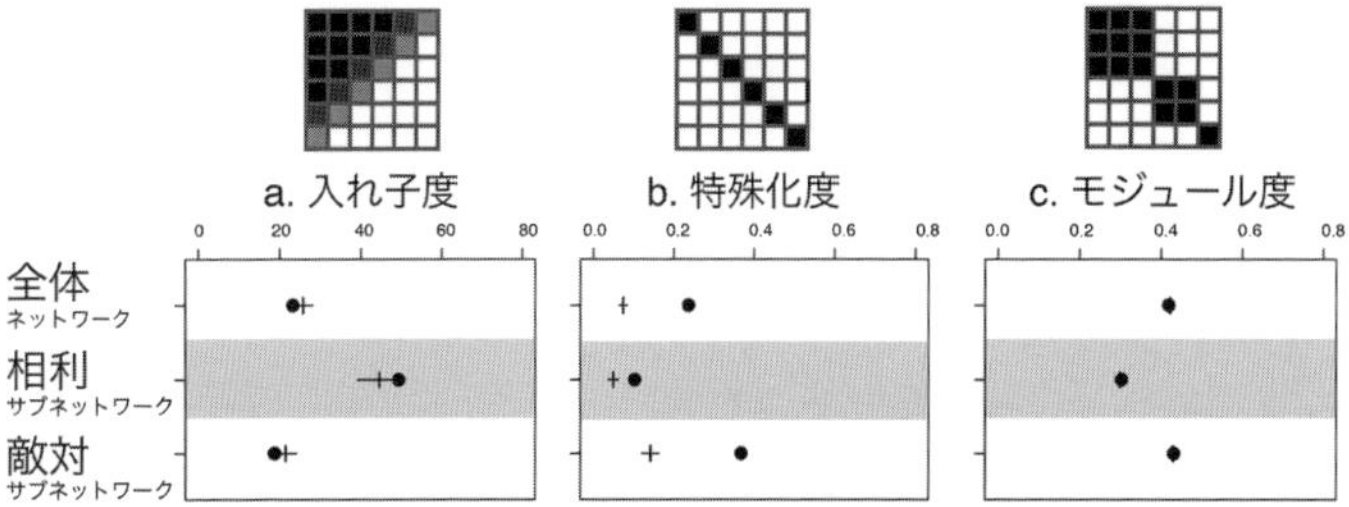

図4·12　3つの相互作用ネットワーク（全体ネットワーク・相利サブネットワーク・敵対サブネットワーク）の構造の比較．a）入れ子構造，b）ネットワーク特殊化，c）モジュール構造の度合いを比較した．黒点はそれぞれのネットワークの生の値．縦棒と横棒は，各ネットワークを無作為化した帰無ネットワークでの値の平均値とその標準偏差．点が平均値から右にずれるほど，その構造が顕著になる．Yoshikawa and Isagi (2014a) のグラフを改変．

ここで、それまでの研究でわかっているネットワーク構造のちがいを整理しておこう。まず入れ子構造は相利ネットワークで顕著に見られることが知られている（Bascompte et al; 2003; Thebault and Fontaine, 2010）。一方特殊化の度合いについては、相利ネットワークと敵対ネットワークを比較した研究はなかったが、どちらでもそうした構造が生じることが知られていた（Blüthgen et al., 2007, 2008）。またモジュール構造の度合いは敵対ネットワークの方でやや高くなることがわかっている（Thebault and Fontaine, 2010）。

分析の結果が図4・12である。まず相利サブネットワークでは明確な入れ子構造が現れた。それに対して敵対サブネットワークではこの入れ子構造は認められず、むしろこれに反する傾向が示された。また相利関係と敵対関係の双方を込みにした全体ネットワークでも同様に、入れ子構造に反する傾向があることがわかった。次に特殊化はどうだろうか？　これについては入れ子構造とは異なるパターンが現れた。相利サブネットワークと敵対サブネットワークの双方で有意な特殊化が検出されたが、後者の方がより顕著な構造をもっていたのである。最後にモジュール構造である。これは相利サブネットワークでも、敵対サブネットワークでも有意な構造は見られず、特別な構造は認められないという結果になった。ここまでの解析から、相利ネットワークと敵対ネットワークは出現する種が被っているにもかかわらず、構造が大きく異なることが見えてきたのだ。

ネットワーク分析からわかったこと

ではここで、この結果が何を意味するのか考えてみたい。

まず重要なことは、同じ鳥と花との間に、二つの異なるタイプのサブネットワークがあり、しかもこれらの構造が大きく異なる、ということである。そしてこの構造のちがいは、これまでの先行研究で提唱されていた相互作用タイプによるネットワーク構造のちがいとほぼ一致することがわかった。とくに入れ子構造の結果は、それまで指摘されてきた相利関係と敵対関係の特徴ときれいに一致するものだ。注意してほしいのは、これらの先行研究は世界中の別々の場所で別々の種が関わっているネットワークをたくさん集めて調べたものだという点だ。その結果、植物と訪花昆虫との相利共生ネットワークにほぼ共通する性質として、入れ子構造があることが提唱されてきた。それと同じ構造が、神奈川の鳥と花との相利関係にも確かに存在していた。また相利・敵対のいずれの関係でも特殊化の構造があるという結果も、先行研究と一致している。

ではなぜ入れ子構造が、さまざまな相利共生系に共通の性質として現れるのだろう？　その有力な原因と考えられているのが、複数種の共進化による形質の収斂である（Bascompte and Jordano, 2007; Thompson, 2005）。相利関係にはそれが成り立つための鍵となる相補的な形質がある。たとえば、送粉システムにおける訪花昆虫の舌の長さと花筒の長さなどがそうである。ある相利ネットワークで一度このような形質が定まると、ここに新たに参入する種は、この特定の形質に近づくように進化するだろう。このように互いに相互作用する種の間で共進化が進むと、多くの種の形質が特定のものに収斂していくと考えられる。その結果一つの種が複数のパートナーをもつようになり、これがネットワークの入れ子構造を生み出す、という筋書きが提唱されている（Bascompte and Jordano, 2007: Thompson, 2005）。今回の鳥と花との吸蜜サブネットワークのパターンも、この仮説と整合的だと考えられる。メジロとヒヨドリという二種の吸蜜者の花メニューは大きく重複しており、他の少数の鳥の花メニューもその一部に限られていた。このような状況が入れ子度を高めているのだ。

一方敵対サブネットワークで強い特殊化が見られたことは、先行研究と一致するものとはいえ、やや意外な結果だった。というのも先行研究でおもに調べられていたのは、明確な共進化が想定できる動物と寄生者の敵対ネットワークだったからである（Blüthgen et al., 2008）。こうした寄生関係ではホストと寄生者の激しい攻防の結果、一種対一種の緊密な共進化が起こりやすいと考えられる。たとえば寄生者によって激しい害を受けたホストが防御を進化させ、それに寄生者が適応し、さらにホストが防御を強めるという、イタチごっこ的な軍拡競争が起こることもある。すると二種間に強い結びつきができ、両者の関係は一対一に近づく。その結果ネットワークの中に明確な特殊化の構造が現れるわけである。しかし花とそれを捕食する鳥とのあいだにこのような密接な共進化が生じたかというと、かなり疑わしい。なぜなら鳥たちは、花を主食にしているわけでなく、また花を食べるのもかなり短い時期に限られるからだ。

ではなぜ、花と花食者の関係では強い特殊化が見られたのだろう？　その一因は、まったく異なる採食生態をもつ鳥たちが、ともに花を食べていたためではないかと私は考えている。ウソやスズメという鳥は基本的に小型種子を食べる鳥であり、そのくちばしの形態はもともと種子食に適応していると見られる。そんな彼らが一時的に食べる花はほとんどがサクラ類に限られており、花に対する食性幅はかなり狭かった。このことは、彼らの花メニューがくちばしの形態に強く制約されていることを示唆する（これは、つぶし型の採食果実が限られていたという第3章の研究結果に通じるものがある）。一方ヒヨドリは基本的に果実食の鳥であり、くちばしの形態の制約は小さく、さまざまな花を利用できるだろう。実際ヒヨドリが破壊していた花のメニューは非常に多様であった。このために、これら二タイプの鳥たちが利用する花メニューに大きな隔たりが生じ、ネットワークの特殊化の度合いが高まった、これが今私の考えているシナリオである。ただ今回分析したネットワークは鳥の種数がとても少ないため、この結果が鳥と花との敵対ネットワークに普遍的な現象なのかはわからない。熱帯域も含めたさまざまな地域で花捕食のパターンも明らかにし、このようなネットワーク構造がどこまで一般的なのか、見定めていく必要がある。ただそれでも、さまざまな敵対ネットワークにおいて共通するパターンが現れてくる事実は、とてもおもしろい。

神奈川県の観察データから見えてきたのは、相利関係と敵対関係が絡み合う、一見複雑な鳥と花の関係性である。だがそれを解きほぐしてやると、それぞれのシステムに共通する、普遍的ともいえる構造が見えてきた。まったく異なった場所で、まったく異なった動物たちが営む相互作用システム。そこに現れる共通の構造。何気なく分析しはじめた観察記録から、そうしたものが見えてきた時は、とても嬉しかった。

温帯における送粉者としての鳥の重要性

温帯域の多くでは、ハチドリのような花蜜スペシャリストの鳥類が存在しない。その理由としてエネルギー収支上の制約というものが考えられている(Cronk and Ojeda, 2008)。これは、季節性がある温帯は太陽光エネルギーが乏しい時期があるため、植物が一年中花蜜を生産することはできず、花蜜スペシャリストを支えきれない、という考えだ。しかし温帯でも、花蜜を一時的に利用するスズメ目鳥類は少なくない。これらの花蜜ジェネラリスト鳥類(花蜜だけでなく他の食物も利用するという意味でのジェネラリスト)の花粉媒介者としての働きは、あまり注目されていなかったが、無視できないものがある。

近年ヨーロッパやアジアの温帯でも、これらの鳥類の花粉媒介が意外に重要であるという知見が集まりつつある。これまで鳥媒花がないと思われていたヨーロッパでも、スズメ目鳥類に送粉されている種が新たに見つかっている(Ortega-Olivencia et al., 2005)。東アジアでは中国原産のビワ *Eriobotrya japonica* が鳥媒花であることがわかっている(Fang et al., 2012)。また日本でも寄生植物であるマツグミ *Taxillus kaempferi* が鳥媒である可能性が浮かびあがってきた(Funamoto and Sugiura, 2017)。このように温帯でも、鳥類は送粉者として意外な働きをもっていそうだ。また一般には虫媒とされている花でも、送粉の一部を鳥が担っているケースもあるかもしれない。昆虫の陰に隠れていて見逃されている送粉者としての役割が、鳥類にはまだあるのではないかと考えている。

この章のはじめに記した三宅島の風景のなかでも、鳥を送粉者とする植物の強みを実感することがあった。晩秋から早春にかけての天候が不安定な時期でも、草本の花が数種咲いており、そこにハチやハエなどの昆虫が来ていた。だがそんな虫たちは、すこし天候が崩れたり日光が陰ったりすると途端に姿を消してしまう。それに対してメジロやヒヨドリなどの鳥類は天候の影響を受けることが比較的少なく、軽い雨風の日であれば変わりなく花々を巡っているようだ。こういう不安定な気候条件にある植物にとって、鳥類は頼りがいのある送粉者にちがいない。なお鳥類はほかのタイプの撹乱にも強い可能性がある。阿部晴恵さんらは、火山噴火による撹乱後の三宅島でヤブツバキの結実を調べ、火山ガスの影響が強い植生帯でも、メジロによる送粉がほぼ正常におこなわれていることを明らかにしている(Abe and Hasegawa, 2008)。一般的には鳥媒介が成り立ちにくい温帯でも、鳥媒が相対的に有利であり、それが進化しやすい環境条件が局地的に存在するのだろうと想像される。天候が安定しない島嶼や高山帯はそうした場所の候補であり、意外な鳥媒花が隠れているかもしれない。

コラム　花蜜を吸わない鳥の謎

液果や花蜜に来る鳥を目にするたびに、以前から不思議に思っていたことがある。それは、液果をよく食べるにもかかわらず、花蜜をほとんど利用しない鳥がいることである。ツグミやムクドリの仲間がそうだ。バードウォッチングをしていて同じ疑問を感じた人も多いのではないだろうか？　前述した神奈川県鳥類目録のデータのなかを探してみても、これらの鳥が花蜜を吸っていたという記録はほとんど見つからない。花蜜の主成分は糖類で、これは液果と同じはずだし、また日本の花を見るかぎり、花蜜を吸うために特別なくちばしが必要とは考えにくい。だからツグミやムクドリが花蜜を吸えないとも思えない。では、なぜ彼らは花蜜を吸わないのだろう？

この疑問は、ある論文を知ることで解決した。それは、さまざまな鳥類による糖分の消化生理についてレヴューしたものだった（Lotz and Schondube, 2005）。この論文によると、鳥の消化生理メカニズムは系統によって大きく異なり、ショ糖（スクロース）を分解するための酵素（スクラーゼ）の有無や働きに大きなちがいが見られるという。ショ糖は糖分の一種で、花蜜の主成分だが、果実の多くには含まれていない。そしてツグミ科とムクドリ科、ヒタキ科、マネシツグミ科（北米から南米に分布）、カマドドリ科（中南米に分布）の消化器には、このスクラーゼが欠落している。なおこれらの分類群のうちカマドドリ科を除く四つの科は近縁のグループである。またこれらの鳥はショ糖を分解できず、それを摂るとお腹をこわすという報告もある（Martinez Del Rio and Stevens, 1989）。つまりこれらの鳥類は、花蜜を「食べない」というよりも「食べられない」わけである。そうした生理的な制約が、鳥と花のつながりを決めている。この論文を知ることで長年の疑問が解けて、目からウロコが落ちた。
だがなぜこれらの特定の鳥類で、スクラーゼの欠落という進化が起こったのだろうか？　その理由はわからない。ただ鳥類のなかには生理特性が調べられていない種も多いので、同じような消化酵素の欠落は別の系統でも起きているかもしれない。

市民データから鳥の食生活を推測する

ここまで分析してきたのは、鳥類目録データから掘りおこした、鳥と花のつながりである。じつはこの研究に引き続いて、同じ鳥類目録データをいくつか別の切り口で分析することができた（Yoshikawa and Osada, 2015; Yoshikawa and Endo, 2017）。それらを簡単に紹介したい。

一つは、鳥類の食べ物の季節変化についての研究である（Yoshikawa and Osada, 2015）。花の採食記録を掘り起こした際、他の食べ物の採食記録についても同時並行で整理を進めていた。トータルで二万件以上にのぼった、これらの膨大な採食記録を分析した研究である。鳥たちが季節によって食べ物を変化させることは、鳥を見ている人なら誰でも知っている。ごく大まかに言えば、陸鳥の多くは春から夏にかけて昆虫などの動物質を多く食べ、秋から冬は果実などの植物質を多く食べる傾向がある。けれどもこうした季節パターンを定量的に示したデータは、驚くほど少ないのが実情である。鳥の生活に関する基本的なデ

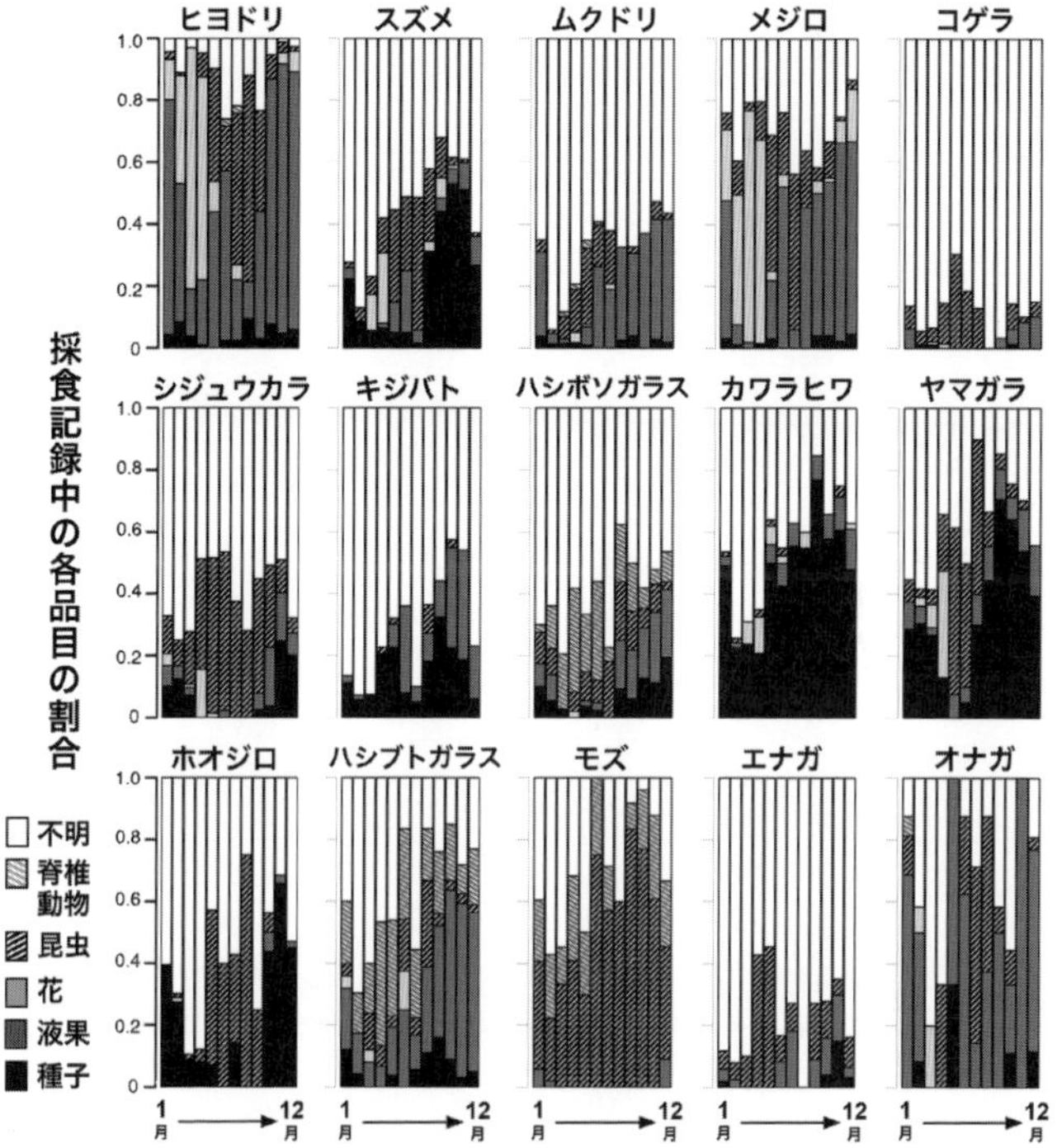

図4·13　神奈川県鳥類目録から推定された留鳥15種の食物比率の季節変化．それぞれの色が食物タイプを表す．Yoshikawa and Osada (2015) のグラフを改変．

ータが足りていないのだ。

鳥類目録に記録されている採食データをすべてまとめると、月ごとに、各種の鳥が食べるのが観察された食べ物の比率を計算することができる。そしてここから食物の季節的な変化を捉えることができるのではないかと考えた。そこでヒヨドリ・メジロ・シジュウカラなどの一般的な留鳥十五種を対象にして、これを調べてみた。図4・13がその結果である。鳥たちの餌メニューが種によって、あるいは季節によって異なっているのが見てとれるだろう。たとえばヒヨドリでは秋冬に液果をたくさん食べ、夏には昆虫も食べる、そして春先には短期的に花をたくさん利用するという季節変化がきれいに浮かび上がってきた（図4・13）。ただ鳥が実際何を食べているかわからない観察記録も少なくない。直接観察に伴うこうしたバイアスを緩和するために、東京大学大学院・農学生命科学研究科の生物多様性科学研究室におられた長田 穣さん（現・東北大学）の力を借りた。当時博士課程の院生だった長田さんは、最先端の統計手法によるモデリング研究を活発に進めていた。そこで彼に相談して、直接観察にまつわるバイアスを緩和する統計モデルを一緒に考えていただいた。こうして、できるかぎりバイアスを取り除いた推定もおこなうことができた。

それでは、鳥類目録データから推定できた採食パターンはどれほど正確なのだろう？ それが気になる。推定した比率と、実際に鳥が食べている比率とを比べて、「答え合わせ」をしたいところなのだが、当然それはできない。そこで次善策として、これまでに調査された食物分析の結果と比較してみることにした。ここで目をつけたのが、古い文献に残っている胃内容分析のデータである。第3章ですこし触れたように、大正から昭和初期の時代に、大量の鳥を解剖して胃内容を調べる研究がおこなわれていた（内田ほか、一九二三；内田・葛、一九三二）。そのデータは膨大で、たとえばスズメでは計二六〇〇羽もの個体を解剖している（内田ほか、一九二三）。質・量ともに類を見ないこの胃内容分析データと、神奈川県鳥類目録での採食記録とを比較してみることにした。もちろん両者は、調査場所も調査地点も調査年代も異なるので、結果が完全に一致するはずはない。またこの胃内容分析もさまざまなバイアスを含んでいるので、その結果は正確な「答え」ではない。けれども二つの異なる手法のデータを比較・対照することで、

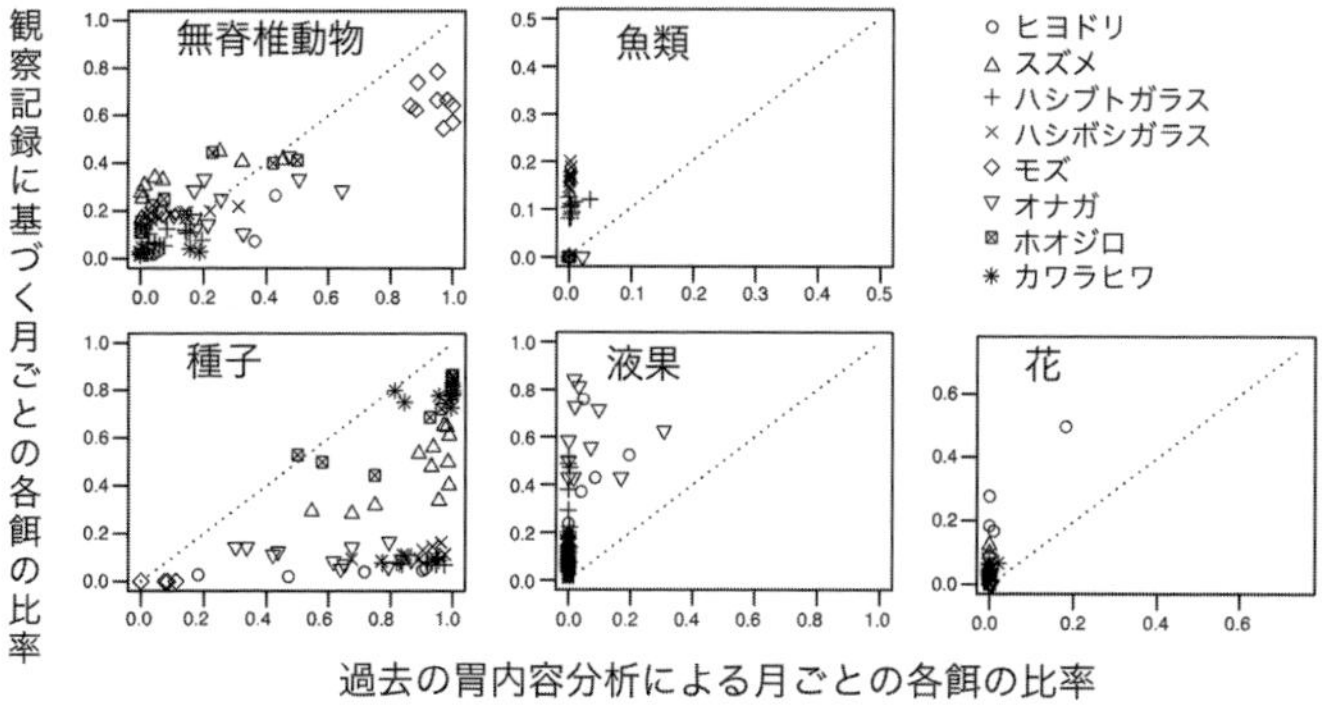

図4・14　各種の食物の比率の比較．マーカーの形は鳥の種ごとに分けている．Yoshikawa and Osada (2015) のグラフを改変．

どこが一致してどこが一致しないのかがわかれば、より信頼性の高い知見に近づくことができる。またそれぞれの手法の強みと弱みも見えてくるはずだ。

そこで、これらの膨大な胃内容分析のデータを整理して集計した。得られた鳥の種ごとの餌の比率と、鳥類目録データから算出されたその鳥の採食比率を、月ごとに計算し比べた。どのぐらい一致するだろうか？

月ごとの食べ物の比率は、二種類のデータにおいておおむね一致する傾向を見せた（図4・14）。とくに無脊椎動物の餌については、なかなかの一致が見られた。このことは観察データによる推定の精度を、ある程度保障するものといえる。ただ餌の品目によっては、大きな食いちがいがあることがわかった。とりわけ大きなちがいが見られたのが、果実や花、それに魚類などの脊椎動物の採食比率である。これらはおおむね、鳥類目録データの方で採食比率が大きくなっていた。この結果はどう考えたらよいだろうか？　まず花については、明らかに胃内容分析が過小評価していると考えられる。胃内容分析でとくに問題になるのが、餌の種類によって検出率が異なることである。昆虫の外骨格のような硬い餌は検出されやすいが、柔らかい餌は消化されやすいので検出率が小さくなる。花蜜のような液体の餌になるとほとんど検出できない。だから観察データは、こういった餌の採食をよりきちんと評価できているはずだ。一方、魚などの脊椎動物の比率が観察データで高くなっていることは、逆に餌がめだちやすくて報告されやすいというバイアスがあるのかもしれない。

いずれにせよ、観察データをフル活用することによって、これまで捉えきれていなかった鳥の採食生態の一面を評価することができた。またそれを胃内容分析の結果と照合することで、二つの異なる調査手法の利点と弱点が見えてきた。得られたものは完璧な推定結果ではないものの、鳥の食物構成という、基本的であるが手のつけにくい問題に対して、新たなデータを提供することができた。

もう一つ、観察データから得られたのは、動物の繁殖行動に関する情報である。立教大学の遠藤幸子さんとおこなったこの共同研究では、鳥類目録で報告されていた鳥類の求愛給餌などの情報をまとめることができた（Yoshikawa and Endo, 2017）。鳥類のなかには繁殖期の前や最中に、オスがメスに対して餌を与える求愛給餌という行動を示すものがある。こうした行動はその種の繁殖戦略に深く関わっているとみられる。鳥類目録を詳しく調べた結果、求愛給餌の記録がこれまで報告されていなかったセグロセキレイやハシブトガラスといった鳥も、この行動をしていることがわかった。このように、市民モニタリングデータを発掘していくと鳥類の繁殖戦略についても新発見ができるのだ。

自然史データに浸ることで見えてくるもの

鳥類目録データから鳥と花のネットワークを分析した研究では、最初の方針から外れて、意外な方向に研究を展開させることができた。データに深入りしていくうちに、視界がどんどん開けて、新しいものが見えてくる感じで、とても楽しい経験だった。こんなことができたのは何より、この鳥類目録データが備えている豊かな情報量のおかげである。そうしたデータに没頭していると、思いがけず、いろんなものが見えてくる。

既存のデータを用いる研究で一般的なのは、まず検証したい命題があり、それを検証するためにデータを利用するという、「仮説検証型」のアプローチである。つまり検証したい仮説という終着点を決めて、それに到達するための手段としてデータを利用するわけである。私が最初に鳥の食性幅を比較した研究（第3章）は、このタイプのものだった。これは一般的で効率的なアプローチだといえる。しかし既存データを用いた研究であっても、それとはすこしちがったプロセスがありうるのではないかと思う。それはデータ自体の中から浮かび上がってきた問題を分析するというアプローチである。「データ駆動型」のいわばアドリブの研究である。この章で紹介した鳥と花とのネットワークの研究は、まさにそのような道筋で進めることになった。この研究では、データに深入りしていくうちに想定外の研究テーマが出てきて、それをうまく発展させることができた。

神奈川県鳥類目録のデータに没頭してきたなかで感じるのは、優れた観察データはそれ自体が、一つのフィールドのようなものではないかということである。森や草原というフィールドでブラブラしながら観察することが研究の糸口を得るのに大切であるのと同様、データの「森」のなかをブラブラして試行錯誤をすることも大切なのではないだろうか？　そんななかでいろいろな発見があり、そこから新たな視点が生まれることもある。一見無目的で非効率に見えるある種のランダムウォーク的な試行が、じつはけっこう大切だというのは、野外のフィールドでも、文献というフィールドでも、共通するところがあると思っている。

もちろん明確な仮説や命題をもって、それを検証するためのデータを見極めるということも非常に大切である。とくに大規模なデータを集めて多くの人と共同研究をするときには、きちんとした見込みをもって、データを探索し分析することが不可欠になる。ただ、そうしたアプローチから少し外れて寄り道した時に、おもしろい現象が見えてくることも多い。この二つの異なるアプローチは必ずしも排他的ではなく、両立できるものだと思う。

神奈川県鳥類目録に深入りするなかで、もう一つ実感したことがある。それは自然史情報がもつ射程はしばしば、それを集めた人の想定を超えている、ということである。しっかりと集められたデータからは、予想もしないものが見えてくる。観察記録の編集をされてきた神奈川支部の方に私の分析結果を紹介した際、そんな研究ができるとは思わなかったと話されていた。たまたま私は鳥と植物の関係に関心をもっていたが、別の関心をもっている人が分析すれば、また別のおもしろいことが見えてくるだろう。

そうした想定外ともいえる観察記録の使われ方は、じつはたくさんある。たとえば近年、気候変動による生物季節（フェノロジー）の変化が注目されている。過去から現在に至るまでに、フェノロジーがどのように変化してきたかを把握するのは、今後の状況を予想するためにも大変重要である。ケンブリッジ大学の天野達也さんは、イギリス各地に残された花の開花記録から、二百五十年にわたる開花フェノロジーの変遷を再現し、それと気候変動との関係を明らかにした（Amano et al., 2010）。この植物の開花データはイギリス各地の一般市民が長年収集してきたものである。また日本でも平安時代以来の日記や年代記に残るサクラの開花日時から、過去の気温の変遷を推定した研究もある（Aono and Kazui, 2008）。まさか平安貴族も自分たちの日記が、気候変動の解明に使われるとは思ってもみなかっただろう。また近年、生物標本からＤＮＡを抽出することで、過去の生物の分布の変遷や個体数の増減を調べることが可能になっている。ほんの数十年前に採集をしていた人たちも、自分の採った標本からそんなことがわかるとは考えもしなかったにちがいない。

データや標本からどんなことがわかるのか、あるいはそれがどんな「価値」をもつのかは、それを集めた人にも判断しきれないのはもちろん、現在の私たちにも判断しきれない。新しい分析技術や新しい統計手法が出てくることによって、その標本なり資料なり観察記録なりのもつ「価値」は大きく変わってくる。また、一つのデータセットだけでは見えてこなかったことが、別のデータセットと組み合わせることで見えてくることも少なくない。つまり、そういったデータたちの「生態系」の中で、個々のデータの意味するものは大きく変化する。残された資料やデータを見るときには、そうした視点がありうることを常に念頭におく必要があるだろう。

第5章

シキミをめぐる冒険

猛毒種子の散布から見えてきたもの

学振の面接を受ける

東京大学での特任研究員としての任期は三年弱で、その後はまた別のポジションを探さなければならなかった。任期切れまで半年を切った二〇十三年の十月中旬、一通のメールがやってきた。それは日本学術振興会というところからのもので、特別研究員の公募の結果通知だった。日本学術振興会（通称、学振）の特別研究員とは、博士号取得前後の若手研究者を対象とした制度で、三年の任期のあいだ生活費と研究費が支給され、みずからの考えたテーマについて研究を進めることができるものである。若手の研究者にとっては理想的なポジションであるが、当然競争率は高く、かなり狭き門である。この特別研究員には大学院の頃から何度もチャレンジしていたが、四度ともずっと不採用だった。

やってきたメールは、その年の春に申請した研究の結果通知だった。恐るおそる中身を開き、リンクを辿ってみる。専用のホームページにログインする。すると結果が表示された。「採用」でも「不採用」でもなく、「面接」。プレゼンテーションによる面接試験によって合否が決まるのだ。

そんなこんなで、急遽研究計画のスライドを作って、面接に行くことになった。会場は、麹町のビルの一画にある日本学術振興会のオフィスである。受付を済ませ控え室に通され、面接を受ける他の人たちと一緒になる。その後面接会場となる部屋の外で待機する。だんだん緊張が高まってくる。前の人のプレゼンテーションが終わったらしく、部屋にノックして入る。中に入ると、確か二十人ほどの審査員がおられた。なかなかの緊迫したシチュエーションである。ここで、自分のこれまでの研究と今後の研究計画についてプレゼンテーションをおこなった。発表のあいだはとても緊張したが、質疑の時には議論もできて意外と楽しむことができた。そんな風にして面接を終わらせた結果、採用されることになり、なんとか次のポジションを得ることができた。

森林総合研究所に異動する

翌年四月から、茨城県つくば市にある森林総合研究所（現・国立研究開発法人森林研究・整備機構。以降、森林総研とする）に場所を移して、研究をおこなうことができた。受け入れ先となっていただいたのは、イカルの研究の頃からお世話になっていた正木 隆さんである。私が所属した森林植生研究領域・群落動態研究室は、北茨城の小川学術参考林における森林長期モニタリングを主導してきた、この分野で日本を代表する研究室である。小川学術参考林での種子散布研究をリードしてきた直江将司さん、また鳥類の景観生態学を研究されている山浦悠一さんも同じ時期に着任され、森林の長期モニタリングを中心とした研究が活発におこなわれていた。

この森林総研では、さまざまなバックグラウンドをもつ多彩な研究者に囲まれて視野を広げることができ幸運だった。いくつか新しい研究を進めることができた。ここでは紙面の都合もあり、その内容にはあまり深入りできないが、簡単にご紹介したい。

まず、正木さんたちとの共同研究の一つでは、森林の分断化が鳥類相に及ぼす影響を明らかにすることができた（Yoshikawa et al., 2017）。日本では第二次大戦後、木材生産のためスギやヒノキの人工林が大面積造成された。この拡大造林の結果、多くの天然林が切れ切れになり、そのことによる森林生物の減少が懸念されている。森林の生き物の中でも、果実食鳥は種子を運ぶという機能をもち、その増減は森林の維持にとってとくに重要である。そこで正木さんを中心にして、茨城県北部において、森林の分断化が果実食鳥に与える影響を明らかにするプロジェクトがおこなわれていた。ここでは京都大学の森林生物学研究室の後輩である原澤翔太さんや東京農工大学の新倉夏美さんらが野外調査を担当し、分断化した広葉樹林パッチ十数箇所で、三年間にわたり鳥類のセンサスと果実量のモニタリングをおこなっていた。またパッチを取りまく森林環境のデータも計測されていた。私はそのデータの分析を担当させていただくことができた。

分析の結果見えてきたのは、分断化した森林ほど、果実食鳥の個体数や多様性が低いことである。さらに分断化の影響は季節によって異なることもわかった。繁殖期には分断化した森林ほど種数や個体数が小さくなっていた。一方秋冬の非繁殖期には、分断化の影響よりパッチ内の果実量の影響が大きいことがわかった。果実が多いパッチほど、鳥たちが豊かな傾向が見られた。このことは、果実量の大きいパッチを求め鳥たちが移動していることを示している。イカルの研究の時に示唆されたように、鳥たちは果実を追いかけて移動しているのだ。ただ年によっては果実量と個体数の対応が見られないこともあり、ここからも鳥類の動きの複雑さが垣間見えた。こうした生息地を取りまく景観構造と生物との関わりに注目する景観生態学の視点から、森林と鳥類の保全にも関わる成果をあげることができたのは幸運だった。

もう一つ、鳥類の種子散布距離についての研究も進めた。こちらはまだ論文になっていないため詳しく紹介できないが、動物の体サイズと種子の体内滞留時間の関係を明らかにした。動物が種子を呑み込んでから排出するまでの時間（体内滞留時間）は、種子散布距離を決める重要な要因の一つである。滞留時間が長いほど、種子が遠くに運ばれる可能性が高くなる。この体内滞留時間はいろいろな動物で測られているが、これを予測するモデルはまだ存在しない。そこで、生物の体重から体内滞留時間を予測するモデルをつくることにした。動物の体重が増えると、さまざまな形質がそれに伴って変化する。このような関係を相対成長（アロメトリー）という。過去に発表された論文から、さまざま動物で測られた滞留時間の測定データを集めることで、鳥類・哺乳類・爬虫類などのそれぞれについてアロメトリー関係を求めた。さらに、この成果を応用することを試みた。森林総研におられた川上和人さんの協力を得て、鳥類で得られた滞留時間のアロメトリーから、中生代の恐竜（獣脚類）の体内滞留時間を推定してみた。かなり粗い推定結果であり、今後より精密な推定が必要であるが、恐竜が種子散布者としてどのように働いていたか、それを考えるための材料を示すことができた。

裏庭から再び―ヤマガラの奇妙な行動

さてこの章では、シキミという樹木の種子散布を探った研究を紹介したい（Yoshikawa et al., 2018）。これは森林総研に在籍していた際にサブワークとしておこなっていたものである。このテーマに興味をもっていただいた立教大学の上田恵介先生とその研究室のメンバーとの共同研究である。ただし研究はまだ途中段階であり、さまざまな謎が未解明のままになっている。そうした状況にもかかわらず、ここで取り上げたいと考えたのは、理由がある。私たちの先入観を覆す現象がいたるところにあることを、この研究が示しているからだ。そしてこの研究を通して、植物の種子散布という現象の意外な側面が見えてきた。この章の最後では、植物の種子散布という現象の広がり、そして生態系の中で鳥類が果たしている働きの広がりについて、展望をご紹介したい。

この研究の発端は、大学院時代に理学部植物園で過ごした時間のなかにある。第2章で紹介したように、理学部植物園でイカルの調査を続けていた私は、とにかく長い時間を園内で過ごしていた。もちろん調査の目的はシードトラップを回収したりイカルの行動を観察したりすることだったが、その中で思いがけなく、さまざまな鳥のさまざまな行動に遭遇することになった。

とりわけ目を引いたのが、ヤマガラという鳥の貯食行動である。ヤマガラ *Poecile varius*（口絵8、図5・1）は、スズメほどの大きさの、シジュウカラ科に属する小鳥で、日本列島とその周辺（朝鮮半島・台湾）に固有の種である。日本では、北海道から沖縄までほぼ全国の森林に生息する普通種である。亜高山帯の針葉樹林から小さな都市緑地に至るまで幅広い環境の森林に生息している。風切羽は艶のある鈍色、お腹は栗色、頭部は黒色でクリーム色の斑がある。人をあまり恐れない性格で、愛嬌があり、とてもかわいい小鳥である。鳴き声は「ニーニーニー」という、やや鼻にかかった声だ。通年見られる留鳥であり、特定の土地に定着する性質も強いようだ。ヤマガラは都市部の理学部植物園でも繁殖しているとみられ、ほぼ一年中その姿を見ることができた。秋冬にはシジュウカラやメジロ、エナガ、コゲラといった鳥たちといっしょに、混群(カラ群)をつくることも多い。冬枯れの森のなか、ヤマガラたちが群れでやってくると、あたりは途端に賑やかになる。静かで寂しい森の中がにわかに明るくなったような感じがする。木々のあいだを行き来して採餌するヤマガラたち。彼らの鳴き交わす声や木の枝をつつく音、枝をわたるざわめきが入り混じる中、その姿を追いかけるのはとても楽しい時間だ。

図5・1　ヤマガラ(写真提供：小野安行氏).

第3章で紹介したように、ヤマガラは「つつき型」の種子食鳥である。秋から冬にかけては種子が主要な食物であり、種子を割って中身を食べる。だがこの鳥の特異な点は、種子を食べるだけでなく、貯食という行動をおこなって種子散布もするところである。貯食とは、種子などの餌を運び出して別の場所に貯めこむ行動である。貯め込んだ餌は後で取り出して食べるが、全部食べきるわけではなく、そのため結果的に種子の散布につながるのだ。この習性をもつ鳥はかなり限られている。その数少ない種の一つがヤマガラである。ヤマガラの貯食行動は以前から注目され、その興味深い生態が明らかになっている。たとえば樋口広芳先生は、

図5・2　シキミのa）花，b）果実，c）種子.

三宅島でヤマガラ（亜種オーストンヤマガラ）によるスダジイ堅果の貯食行動を調べ、この鳥が秋に大量の堅果を貯食し、それによって冬からの春の食料の大部分をまかなっていること、そして翌春孵化した雛にまで種子を給餌することを明らかにしている（樋口、一九七五：Higuchi, 1977）。また橋本啓史さん（現・名城大学）はヤマガラの貯食がエゴノキ *Styrax japonica* の種子散布において決定的な働きをしていることを示した（橋本ほか、二〇〇二）。エゴノキにとってヤマガラは、樹上の種子を運んでくれるほぼ唯一のパートナーなのだ。理学部植物園にもスダジイやエゴノキ、ハクウンボクの樹があり、秋になるとヤマガラたちが、これらの種子を枝から採って運びだす姿をしばしば見かけたものだった。種子をくわえて地面に降りたち、それを木陰に隠す。そんなヤマガラの一連の行動は見飽きることがなかった。

本題に入ろう。この研究の発端となったのは、シキミという植物の種子をヤマガラが運び去るのを何度か見かけたことだった（図5・2ｃ）。この樹の葉叢から種子をくわえて飛びだしてきて、どこかに消えていったのだ。これがふつうの種子であれば、とりたてて注目するほどのことはないだろう。けれどもシキミの種子となると話が変わってくる。なぜならこの種子には、猛毒があるからだ。

コラム　芸をする鳥、ヤマガラ

かつて日本には、ヤマガラを飼育して芸を仕込むという文化があった。その歴史は古く、鎌倉時代以前に遡る可能性がある。江戸時代以来、ヤマガラを使った見世物が神社仏閣周辺の道端や見世物小屋でおこなわれていた。明治時代に来日した動物学者・考古学者のエドワード・S・モースは、一八八二年に浅草の見世物小屋で目にしたヤマガラの芸のことを、その著書『日本その日その日』（モース、一九二九）に記しており、そのスケッチを残している（図）。これらの芸は今ではほとんど廃れてしまい、私も実際に見たことはないので、以下に紹介する内容は、小山幸子先生（現・インディアナ大学）の著書『ヤマガラの芸　文化史と行動学の視点から』（小山、二〇〇六）や論文（Koyama, 2015）に依っている。それによると、ヤマガラが披露する演目はかなりの種類があったようだ。たとえば「つるべ上げ」という芸（図ａ）では、小さな容器を紐につけて垂らした釣瓶を使う。鳥かご内にこの釣瓶を取り付け、容器にクルミの実を入れておくと、ヤマガラが紐を器

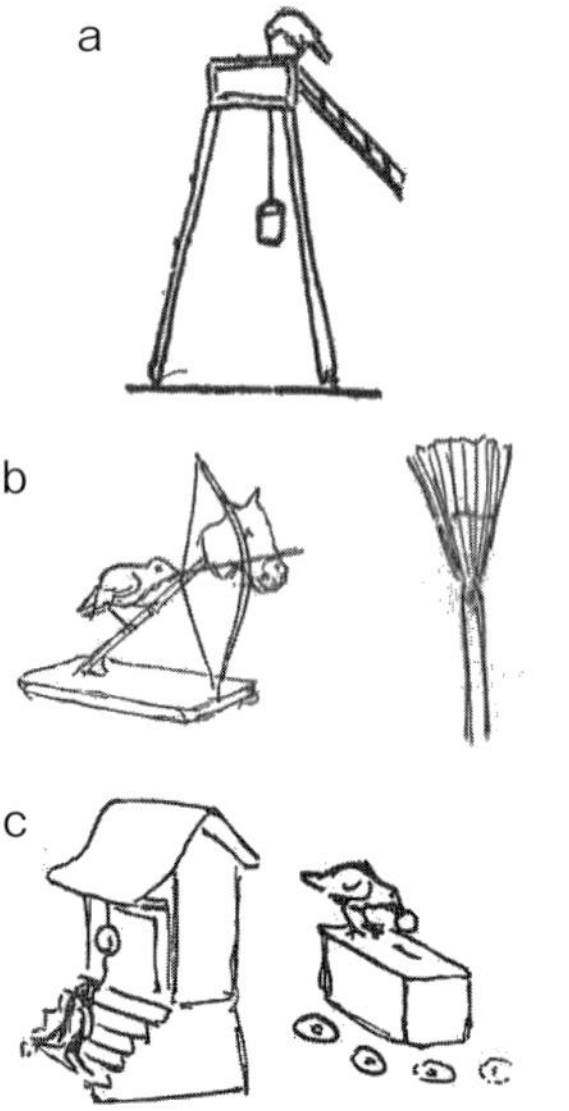

図　動物学者エドワード・S・モースによるヤマガラの芸のスケッチ(モース，1929)．それぞれ「つるべ上げ」，「那須与一」，「おみくじ引き」の演目とみられる(小山，1999)．画像は青空文庫より．

用に手繰り寄せ、クルミの実をとるというものである。「那須与一」といわれる演目（図b）では、ヤマガラがミニチュアの弓の矢を引っ張って、扇の的を撃ち落とすという芸当を見せる。そして有名なのが、ミニチュアの神社にヤマガラが参拝する「おみくじ引き」という複雑な芸である（図c）。人の手から小銭を受け取ったヤマガラがそれを賽銭箱にいれ、鈴を鳴らして扉を開ける。そして、おみくじを取ってきて包みを開き中身を取り出してもってくる、という連続芸である。飼い鳥に鳴き声を調教することは、江戸時代にメジロやウグイスで盛んにおこなわれていたが、このような複雑な芸を仕込まれていたのはヤマガラだけだったようだ。

こうした芸は、ヤマガラが本来もっている行動様式、とくに貯食にまつわる行動様式を巧みに取り入れたものである（小山、二〇〇六）。たとえば「おみくじ引き」で小銭を賽銭箱にいれる動作は、種子を地面や倒木の隙間に入れて貯食する際の動作と一緒である。またおみくじの包みを破って中身を取り出す行動も、種子の中身を取り出すことにきわめて近い。「つるべ上げ」や「那須与一」で紐や弓を引っ張る動作は、枝先の種子を手繰り寄せる時によく見られるものだ。このようなさまざまな行動のレパートリー、いわば行動の「モチーフ」を生かすような形で、芸が組み立てられているのである。貯食というユニークな習性が、ヤマガラの芸を成り立たせていることがわかる。

ヤマガラの芸を成り立たせているもう一つの要因は、この鳥がとても人懐っこい性格をもつことである。私の印象では、日本の陸鳥で人間に対する警戒心がもっとも薄いのがヤマガラではないかと思う。人間のそばで生活する鳥としては、スズメやツバメがまず思い浮かぶけれども、じつは彼らはそれほど警戒心が弱いわけではない。人間に対して、しっかり距離を取っている。それに比べてヤマガラは、なぜか人に近づいてくることも多く、無防備ですらある。そのことも人との接触を増やし、芸の習得に有利だったにちがいない。

猛毒植物シキミ

シキミ科シキミ *Illicium anisatum* は、日本の南西諸島から東北地方南部に自生する常緑性の低木あるいは亜高木である。おもに南西日本の暖温帯常緑樹林に多く見られる。山の斜面や尾根に生育し、スギやヒノキの人工林の林床にも生育する。樹高はたいてい十メートル以下だが、大きく成長した個体では二十メートルに達することもある。のっぺりした革質の葉をしていて、ちぎってみると線香のような特有の香りがする。この芳香は植物体全体にある。実際シキミの葉や樹皮は、「抹香《まっこう》」と呼ばれる粉末状のお香の材料となっている。このためかサカキ（榊）と同様に、シキミの葉はお墓や仏壇のお供えにもなり、寺社や墓地に植えられることも多い。

シキミは春先ごろ、直径三センチメートルほどの白い花を咲かせる（図5・2a）。やがてそれは星型の果実に成長し、秋のはじめ頃成熟する（口絵7、図5・2b）。大きさはこれも直径三センチメートルくらい。星型の果実は、最大八つの房が合わさってできており、この房のいくつかに種子が一つ入っている。なおシキミの英名スターアニス（star anise）は、果実の星型に由来する名前である。種子は長さ一センチメートル、幅五ミリメートル程度の長楕円形（図5・2c）。では、この種子の散布様式はなんだろうか？

種子のまわりに多肉質の果肉があるので、一見液果のように見えるが、じつはそうではない。果実が弾けて種子を飛ばす自発型種子散布である。果実が成熟すると房の中央に裂け目ができて、中から種子が顔を出す。さらに成熟が進むと果実が弾けて種子を放出するという仕組みになっている。このような自発型散布をする植物は樹木では珍しい。

シキミはその強い毒性で有名である。樹木全体が有毒成分を含んでいて、葉っぱ、果実、種子、根、樹皮と、そのいずれも有毒である。とくに毒性が強いのが果実（果皮）と種子だ。そのことは、種子や果実が「毒物及び劇物取締法」という法律で「劇物」に指定され、販売や取扱が規制されていることからも伺える。こんな指定を受けているのは植物でもシキミだけである。シキミに含まれる有毒物質は何種類もあり、なかでも強力なのがアニサチンという物質である（Lane et al., 1952）。アニサチンは神経毒であり、動物の神経中の伝達物質・GABA（ガンマ-アミノ酪酸）の働きを阻害する。摂取するとけいれんや呼吸困難を引き起こし最悪死に至る。この物質はマウスやラットに対して強い毒性をもつことが実験でわかっており、マウスでの半数致死量（摂取した個体の五十パーセントが死亡する物質量；LD_{50}）は、体重一キログラムにつき〇・七ミリグラムという猛毒である(中沢ほか、一九五九)。強い毒性はウシ、ヒツジ、ウマなどの家畜でも確認されており、これらの動物が誤ってシキミの葉を食べて中毒死したという事例も少なくない。

シキミは人間に対しても猛毒で、過去には食べて死亡したケースもある。種子を六〇~一二〇個食べると成人でも死の危険があるという(新谷、一九九二)。九十年代には自然観察教室でシキミ種子をシイの実と誤って調理し、幼稚園児が集団中毒を起こした事故も発生した(新谷、一九九二)。なおシキミと同属で中国に分布するトウシキミ *Illicium venum* の果実と種子は、中華料理のスパイスになる八角(別名、八角茴香・大茴香)である。もちろんこの八角は無毒である。ただ両種の果実を区別するのは難しく、時折シキミ果実が八角に混入し、中毒事故を起こしている。シキミは身近な公園や寺社仏閣にも植えられている。果実はおもしろいかたちであり、種子も光沢がありなかなかきれいなのだが、口に入れたりしないようくれぐれも注意してほしい。

ヤマガラが運んでいたのは、こんなとんでもない種子なのだ。

研究を始めるきっかけ

理学部植物園で見かけたヤマガラの行動は強い印象を残したが、断片的な観察結果であるし、このテーマを深く掘り下げようとは考えていなかった。頭の片隅でちょっと気になっていたぐらいだった。だがその数年後、思わぬことからこのテーマに取り組むことになった。

学位を取得して東大に移籍してから、東京近辺でおこなわれているセミナーやシンポジウムに出たり、いろいろな研究室を訪れたりすることができた。その一つに、立教大学理学部の上田恵介先生の動物生態学研究室があった。上田研は鳥類の行動生態学の日本における拠点であり、「鳥ゼミ」という鳥類学関連のセミナーを定期的に開催するなど、アマチュアも含むさまざまな鳥類研究者の交流の場となっていた。この鳥ゼミで私も一度発表させていただいたことがあり、その後も時折、西池袋の研究室にお邪魔して、研究の話を聞くことを楽しんでいた。上田先生は以前から種子散布のテーマを扱われていたし、研究室にはクサトベラという植物の特異な散布様式を研究している栄村奈緒子さん、過去にはタイの熱帯林でサイチョウの種子散布を研究されていた北村俊平さん（本シリーズ『サイチョウ―熱帯の森にタネをまく巨鳥』北村、二〇〇九）も在籍されていたことがある。上田研では自由で活発な雰囲気のなかで、独創的な研究がおこなわれていた。なおその雰囲気と歴代メンバーの研究については、先生が二〇一六年に退官された機に出版された『野外鳥類学を楽しむ』（海游舎）（上田、二〇一六）に詳しく書かれているので、関心のある方は是非お読みいただきたい。

ある時上田研で、さきほど述べた理学部植物園での出来事、つまりヤマガラがどうもシキミの種子を食べて運んでいるらしいことを話すことがあった。それは単なるヤマガラのちょっと変わったエピソードとして紹介しただけだった。だが上田先生や研究室のメンバーの方が強く食いついてくれたのである。そしていろんなアイデアや出してもらい、研究の方向性をサジェストしてもらったのだ。上田先生だけでなく、沖縄の大東島でモズの繁殖生態を研究されていた松井 晋さん、托卵鳥ジュウイチの雛擬態で有名な田中啓太さん、鳥類の言語研究を切り開いている鈴木俊貴さんといった、行動生態学のスペシャリストたちが関心をもってくれた。まだ研究の途中なのでここで詳細を述べることは控えるが、いろいろ話しているうちに、自分でもシキミとヤマガラの関係に興味が湧いてきた。まずシキミの種子散布をちゃんと調べてみよう。こんな風にして研究がスタートした。

シキミの実生の奇妙な分布

学振の特別研究員として森林総研に異動したあとで、上田先生と相談し、研究室の学生さんと一緒にシキミの調査をすることになった。当時上田研の四年生で、卒業研究を検討していた本岡 允くんが、このテーマに関心をもってくれて、一緒に調査することになった。ヤマガラが本当に種子散布者なのか、いよいよ確かめることができるはずだ。

調査サイトとして選んだのは、伊豆半島の中央部にある、静岡県伊豆市湯ヶ島の常緑広葉樹林である(図5・3)。シキミの木がたくさんあると知人に教えてもらった場所である。この場所は湯ヶ島温泉の南数キロメートル、観光名所である浄蓮の滝の近くにある、標高五〇〇メートルほどの山の中腹に位置する。ここには天然の暖温帯常緑樹林が、伐採を免れて残っている。直径一メートルを超えるモミ *Abies firma* が散在し、スダジイやアカガシ *Quercus acuta*、アカマツ *Pinus densiflora*、ケヤキ *Zelkova serrata* の大木も

図5・3　静岡県伊豆市の調査地のようす．a）遠景．b）林内．

見られるすばらしい森林だ。そしてこれらの樹種に混じってシキミの木がたくさん生えている。種子散布を調べるのに理想的な場所である。調査地の下見も済ませ、いよいよシキミの種子散布を調査できるかと期待しながら、結実時期を待った。だが残念なことに、その年はシキミの凶作年だった。森のどの木を見ても、ほとんど実をつけていなかった。これでは調査ができない。慌てて他の地域も当たってみたのだが、結果はどこもダメだった。その後私たちが観察したかぎりでは、この植物は豊作と凶作がかなりはっきりしており、結実はほぼ一年おきであるようだ。残念ではあるが、凶作で調査が延期になるのは種子散布の研究ではよくあることである。

そこでこの年は研究計画を練り直し、別の角度から調査することにした。それはシキミの実生の分布、つまり種子散布後の状況である。森林の中の実生の分布パターンは、種子がどのように散布されているのかを推測する重要な手がかりとなる。またその場所の植物個体群が将来どうになるかを知る手立てにもなる。そこで本岡くんとともに、実生の空間分布を調べてみることにした。というのもこの森でシキミ実生を見て、あることが気になっていたからだ。それは実生の分布が妙で、朽ちかけた倒木の上や立木の根元にたくさんの実生がまとまって並んでいるように見えることである(図5・4)。こうした分布パターンは林内の他の樹種では見られない、シキミ特有のパターンに思えた。

そこで私たちは、シキミの実生分布が「空間的にランダムではなく、立木あるいは倒木の周辺に集中している」という作業仮説を立てた。これを検証するため、調査プロット(面積四十平方メートル)を数個設置して、そのなかの実生や稚樹の位置を記録した。そしてこれと立木や倒木の位置関係を調べる。ここでは立木あるいは倒木からの距離が五センチメートル以内の場所を、それぞれの「近傍」と定義した。そして、プロットの実生のなかでこれらの「近傍」にあるものの割合と、プロット全体の面積における「近傍」の割合とを計算した。もし実生分布が立木・倒木の近くに偏っていれば、前者の割合が後者の割合よりも大きくなるはずである。一方実生の分布が立木・倒木と無関係であれば、これら二つの割合には差が見られないだろう。この二つの予想のどちらが成りたっているのかを検証した。またプロット内にある他の樹種の実生に

図5・4　シキミの実生の奇妙な分布.
a) 立木のわきの実生. b) 倒木上の実生.

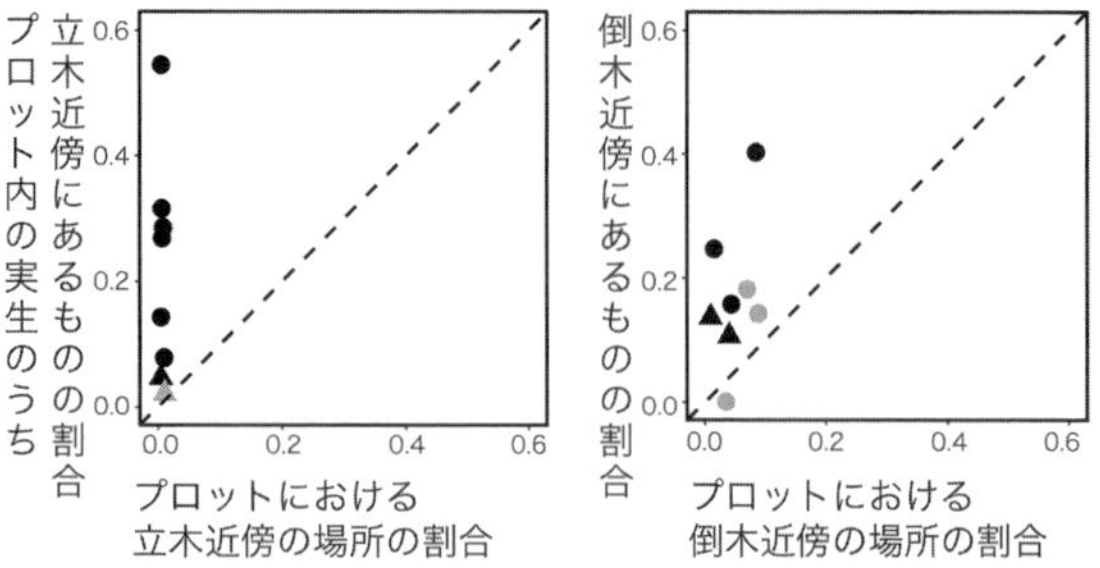

図5・5　実生の空間分布の調査結果．各点はプロットを示す．X軸はプロットにおける立木・倒木の近傍の割合．Y軸はそのプロットの実生のうち立木・倒木の近傍に入ったものの割合．円は母樹から離れたプロット，三角は母樹の下のプロット．黒色と灰色はそれぞれ，2つの割合に有意差が検出された／されなかったプロット．実生は立木・倒木の近傍に集中する傾向が見られた．Yoshikawa et al. (2018) のグラフを改変．

ついても同じ調査をした。

結果は明瞭だった。シキミの実生は立木や倒木のまわりに集中する傾向があった（図5・5）。とくに立木の根元周辺にひどくかたよっている。そしてこの空間分布は、シキミに特有のものだった。同じプロットに生えている、風散布のケヤキや被食散布のイヌガシ *Neolitsea aciculata* などの実生も分析してみたが、これらは立木や倒木の近くに集まることはなかった。やはりシキミだけが特殊な分布をしているのだ。じつはこの分布パターンは、貯食散布の可能性を示唆している。ヤマガラは種子を樹木の根際や倒木のまわりに埋めることが知られているのだ（榊原、一九八九）。もっともこれは間接的な符合にすぎないので、これからヤマガラの貯食散布の証拠を押さえないといけないが、シキミの生態のユニークな一面を浮かび上がらせることはできた。本岡くんにはせっかく鳥の研究室に配属されたのに、鳥がまったく登場しない卒業研究をしてもらうのもどうかと思ったが、実生の調査も積極的に進めてくれたのがありがたかった。

ヤマガラはほんとうに種子を運ぶのか？

翌年いよいよ、シキミの種子をほんとうにヤマガラが散布するのか検証する機会が訪れた。果実の豊作年だ。この年の四年生でこのテーマに興味をもってくれた日野大智くんらとともに、昨年と同じ伊豆市の常緑樹林に向かった。調査地を訪れると予想どおり、去年見られなかった果実がたくさん実っている。これでしっかりと観察ができそうだ。林内の数個体のシキミを選んで観察対象木とした。

九月のはじめから直接観察をはじめた。物陰に座って対象木を観察し、動物がくるのを待ち続ける。根気が必要な調査である。なおこの頃のシキミ果実は表面の裂開がまだはじまっておらず、種子は露出していない。こんな状態でほんとうにヤマガラが来るのか？　半信半疑ながらも観察をはじめることにした。

まずは日野くんが数時間観察を試みたが、何も来なかったという。やはりなかなか見るのは難しいのだろうか？　そんな悪い予感がしたが、幸いそれは杞憂だった。しばらく観察を続けるうちに、一羽のヤマガラが静かにシキミの樹冠に入ってくるのに気づいた。ヤマガラは枝先に飛びつき、姿勢を崩しながら果実に取りついてちぎりとった。そして果柄を咥えて枝にもってくると、果実を脚で固定して何度もつついていく。十秒以上の時間をかけて種子を取り出すと、くちばしにくわえたままどこかに運び去っていった。理学部植物園のエゴノキやスダジイでよく見かけた、貯食の手順とまったく同じだ。ヤマガラが種子を運んでいることは間違いない。一度観察できると、ヤマガラは次々にやってきて種子を運んでいく。果実をまるごと運んでいくこともあれば、別の木から果実をもってきて種子を取りだすこともあった。

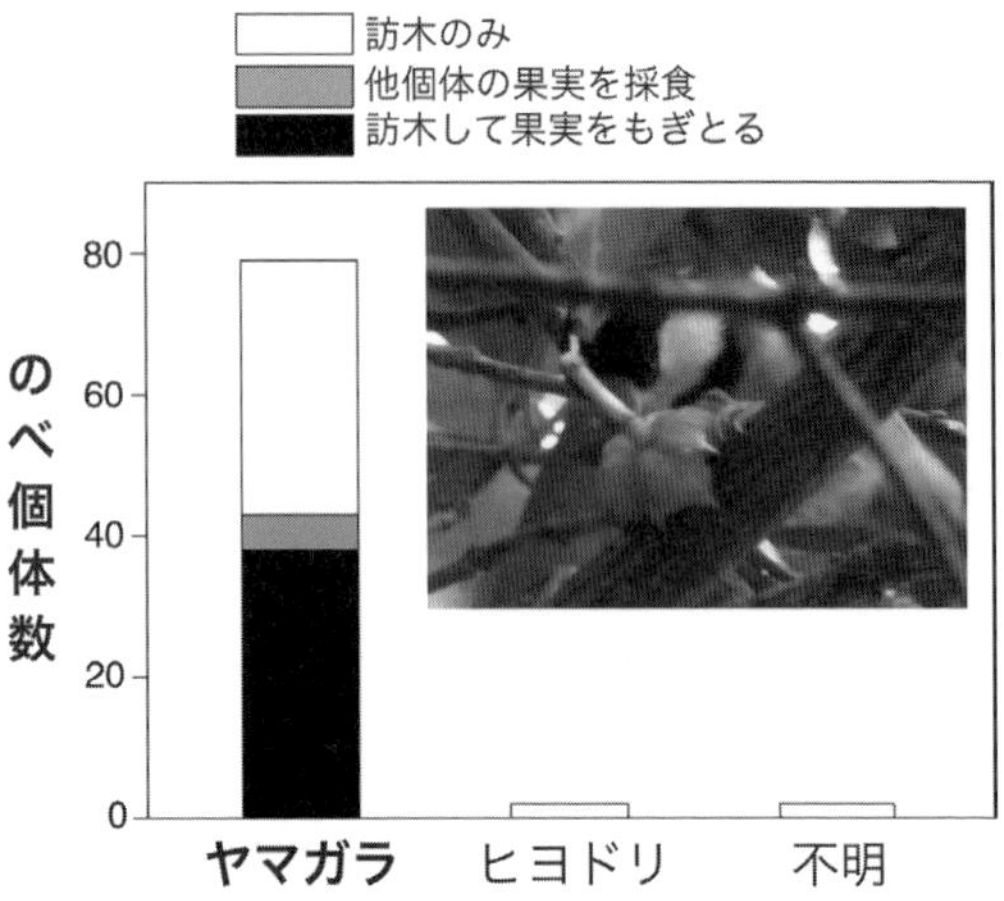

図5・6　直接観察の結果．シキミに来る鳥のほとんどがヤマガラだった．右上は、枝から捥ぎとったシキミ果実を咥えるヤマガラ(撮影：上田恵介氏)．Yoshikawa et al. (2018) のグラフを改変．

のべ九十三時間の観察で、ヤマガラの訪問が計七十九回確認できた（図5・6）。うち三十八回は、果実をもぎ取ったり種子を運んだりするなど、何らかの採食行動を確認した。訪問の頻度は平均すると一時間に一回弱であるが、特定の時間帯に集中する傾向があり、多いときには五分から十分ほどの間隔でやってきては、種子を運んでいく。なお観察をしている際、種子を運ぶヤマガラを追跡しようとしたのだが、残念ながら常緑樹林の中は視界が悪く、最終的な行き先は確認できなかった。追跡できたかぎりでは、少なくとも二〜三十メートルは運んでいるようだった。

この観察で確認できた重要なことは、樹上の種子を食べるのも運ぶのもヤマガラだけだということである。観察中ヒヨドリが一度やって来たが、果実には見向きもせずに去っていったし、他の鳥や哺乳類はまったく来なかった。もしかしてシキミ種子を貯食するのではないかと一番気になっていたのは、カラス科のカケス *Garrulus glandarius* である。カケスは秋冬に堅果類を盛んに貯食する。堅果をくちばしにくわえてフワフワと飛ぶすがたを見ることも多い。この鳥は調査地にもたくさんいて、その「ジェー・ジェー」という嗄れた声が頻繁に聞こえていたのだが、結局シキミに近づいてくることは一度もなかった。

なお鳥の種子散布を直接観察する調査は、手持ち無沙汰の時間がほとんどである。一時間に数回程度鳥がやって来るのを除けば、あとはじっと座って待つだけである。気をそらさないかぎり、まわりの鳥たちの行動を詳しく観察するチャンスでもある。その一方で危険も少しある。一度観察中に物音に気づいて振り向くと、大きなイノシシの成獣が十数メートルのところまで迫っていたことがあった。こちらに突進して来ないか怖かったが、しばらくすると遠くに去ってくれてホッとした。森の中で静かにじっとしていると、動物が気付いてくれないのだ。また長時間林床に座っているうちに、いつの間にかマダニがズボンの裾から入り込んで、後日病院に行く羽目になったりした。

この直接観察ではヤマガラの行方を追うことはできなかったが、それとは別のときにヤマガラが貯食をする現場を詳しく観察することができた。ある時、木の枝に止まってしきりに下のようすを伺う一羽のヤマガラに気づいた。くちばしにくわえているのは光沢のある茶色の種子で、間違いなくシキミである。この個体は用心深いようすで徐々に下層に移動してくると、そっと地面に降り立った。そして地面をくちばしで突いて種子を埋め、その上に落ち葉をかけて飛び去った。種子を埋めたのはやはり立木の根元である。実生調査の結果と一致する場所だ。残念ながら埋めた種子は見失ってしまい詳しく観察できなかったが、ともかくヤマガラがシキミを貯食する現場は、しっかり確認することができた。

調査地のシキミでは、ヤマガラがさかんに種子を持ち出したため、樹冠で果実が裂開する前に、果実がなくなっていた。観察開始からひと月も経たない九月の後半には、樹上の果実はもうほんのわずかになっていた。そのためシキミ本来の自発型散布は、この年この場所ではほとんど起こらなかったとみられる。シキミの木の下には、ヤマガラが捥ぎとって捨てた果実がたくさん転がっていた。そのほとんどは、果肉が削り取られ種子が抜き取られたもの、あるいは種子が壊されたものだった(図5・7)。だがなかには無傷の果実も少数あり、これはヤマガラが種子を取り出さずに捨てていったものと見られる。これらの果実を調べれば、ヤマガラがどんな果実から種子を抜き出したかわかるはずだ。そこでこれらを日野くんが測定し分析してくれた。測定したのは、果実の直径や厚み、もとの種子の個数、そしてヤマガラが採食した種子の個数である。分析の結果、次のことがわかった。ヤマガラが種子を一個でも食べた果実は、そうでないものと比べ、厚みがあり長径が短い傾向があった。また果実あたりの採食種子数は、もとの種子数が多い果実、そして長径が短い果実で多い傾向があった。この結果からは、ヤマガラが手当たり次第に果実を処理しているのではなく、特定の形質の果実を選択していることがうかがえる。おそらくヤマガラは種子数が多くてハズレの少ない果実を見極めているのだろう。

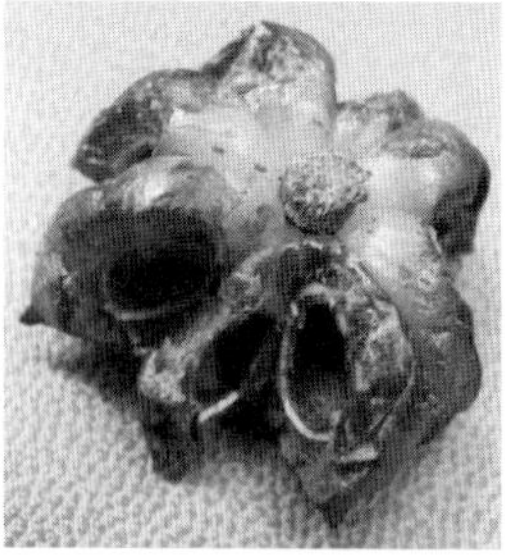

図5・7　ヤマガラによるシキミ果実の食痕．果肉部はえぐりとられ，種子は抜き取られて無くなっている．シキミの木の下はこんな果実でいっぱいである．

弾け飛ぶ種子のゆくえ

それではシキミ本来の散布様式である自発型散布はどうなっているのだろう？

この問題を調べたのは、つくば市の森林総研の構内である。樹木園にあるシキミの結実木を対象として、自発型散布によるその散布距離を測ることにした。この木は樹高が八メートルくらいの中型の個体である。散布距離の測定には、第2章でおなじみのシードトラップを使った。この個体の樹冠の中心と、そこから放射状に三メートルおきにシードトラップを設置して、なかに入った種子や果実を定期的に回収する。

果実が破裂するようすはすぐに目にすることができた。シードトラップに入った果実を紙袋に入れて保管していた時のことである。突然紙袋がパンッと音を立てた。まるでポップコーンが弾けるような感じである。袋を開けてみると房の一部が開き、種子が転がっている。確かに果実は弾けて種子を飛ばしているのだ。その後、紙袋から出していた果実も弾けて、種子を部屋の片隅に飛ばしていた。だが飛んだ距離はかなり短い。ほんの数メートルだった。

じつはこの実験が終わった後で気がついたことだが、海外の研究者がシキミ属の果実破裂の仕組みをすでに詳しく調べていた（Romanov et al., 2013）。この研究によると、シキミの果実には乾燥をトリガーにして種子を放出する仕組みがあり、これは海外のシキミ属の果実にも共通して備わっているようだ。

では自発型散布によって種子はどれくらい移動できるだろうか？　その答えはシードトラップのなかにある。トラップを調べたところ、弾け飛んだ種子のほとんどは樹冠中央から三メートル以内のトラップに

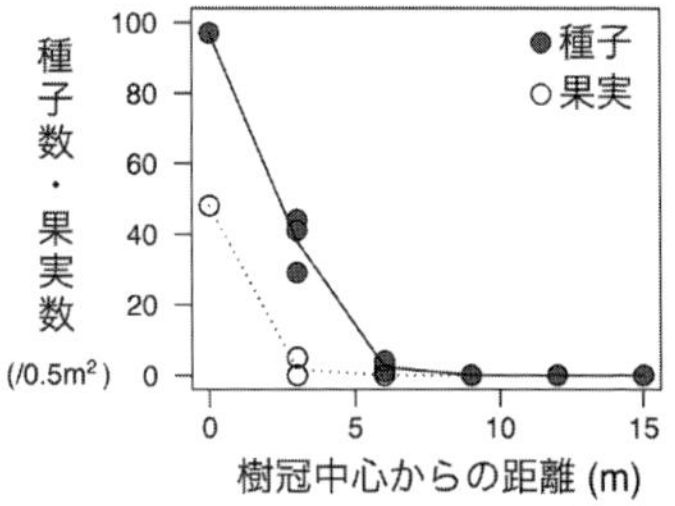

図5・8　自発型散布によるシキミの種子散布距離．X軸は樹冠の中心からの距離(m)．Y軸は，トラップあたりの落下種子(灰色)と落下果実(白)の数．Yoshikawa et al. (2018) のグラフを改変．

集中していた（図5・8）。樹冠中央から六メートル離れたトラップに入った種子はごくわずかであり、それより遠くのトラップに入ったものは一切なかった。つまり、自発型散布で辿り着けるのは六メートルが限度ということになる。この個体では樹冠の直径自体が三メートル弱あるので、自発型散布は樹冠の縁から出るのがやっと、というところである。部屋の中で弾けるようすを見てだいたい想像はついたが、やはりほんのわずかの距離しか移動できないのだ。

シキミ種子には自発型散布の仕組みが備わっていて、間違いなく種子を飛ばすことができる。だがその距離はきわめて短いのだ。

崩れたシナリオ ―散布者は他にもいる

樹上の種子はヤマガラだけが運んでいる。そして自発型散布は作動してはいるが、移動できる距離はわずかである。こうした結果が得られて、前々から私の頭にあった一つのシナリオが固まりつつあった。シキミの種子を運ぶのはヤマガラだけ、というシナリオである。貯食型散布のシステムでも一種の動物だけに種子散布を委ねているような緊密な関係は稀である。一対一の相利共生システムの新発見ではないか？　期待が高まってきた。

　このシナリオを立証するためには、ヤマガラ以外の動物がシキミの果実や種子を食べていないことを確かめればいい。種子が散布される経路として他に考えられるのは、地上に落ちた種子をネズミ類などが運ぶものぐらいである。そこでこの可能性を否定しようと考えた私は、再び伊豆の調査地に行って、林床の種子をモニターする実験を試みた。種子は地面にそのまま置くものと、金網ケージに入れたものを用意した。金網ケージには小型ネズミ類だけが入れる大きさの入口（二×五センチメートル）を設けた。ケージの中の種子が減っていなければ、散布者がヤマガラだけであることが実証できるはずだ。

　ところが私の予想は完全に間違っていたことがわかった。種子を置いて約二週間後、調査地に戻って種子をチェックした。すると驚いたことに、仕掛けていた種子が消えているのだ。林床に置いた種子の約八割が、ケージの中の種子も約四割がなくなっている。明らかに何者かがシキミ種子を持ち去っているのである。いや、ケージの中の種子も持ち去られたということは、ネズミの仕業ということになる。

　ちょっと信じられない結果だ。そこで何が種子を持ち去っているのかを、自動撮影カメラを使って調べてみた（図5・9）。このカメラは赤外線センサーで近くの動物を検出し、自動でシャッターを切る仕組みになっている。種子を林床とケージ内に置き、それに向けカメラを設置して二週間後、ふたたび調査地に向かった。カメラを回収し、緊張しながら画像を一枚一枚確認する。するとケージの外に、そしてケージの中にも、ある動物の姿が現れた。種子を持ち去っていたのは、ヒメネズミ *Apodemus argenteus* だった。ヒメネズミは、同属のアカネズミ *Apodemus speciosus* と同様、日本全国の森林に生息するごく一般的なげ

図5・9　シキミ種子を入れた金網ケージと自動撮影カメラ．ケージにはネズミ類だけが出入りできる抜け穴がある．

っ歯類であり、堅果類などを林床に隠す貯食散布者である。体長は十センチメートル弱。カメラはこのネズミが種子を持ちだす場面の一部始終を捉えていた。ケージに入ろうとするところ、なかで種子をかじっているところ、種子を口にくわえてケージを出ていくところ、それらすべてが写真に収められていた（図5・10ａｂ）。シキミ種子を運ぶのは、ヤマガラだけではなかった。私の考えていたシナリオは完全に崩れてしまった。どんなことも調べてみないとわからない。再びそのことを痛感した。

さらにもう一つ意外な発見があった。ホオジロ科のクロジ *Emberiza variabilis* という鳥も種子を食べていたのである（図5・10ｃ）。クロジはスズメ大の地味な色の小鳥で、北海道から四国にかけての、標高のやや高い落葉広葉樹林で繁殖する。越冬期は低地に降りてきて、常緑樹林の暗い林床で暮らしている。この鳥が林床をちょこちょこ歩くのがしばしばカメラに撮影されており、そのうち一度シキミ種子をくわえているのがはっきりと映っていた。これも予想外の出来事だった。なおホオジロ科の鳥は貯食散布をおこなわないので、クロジは種子を散布しない捕食者である。だがそれにしても、猛毒種子を食べる鳥がヤマガラの他にもいるとは驚きだった。

シキミの散布能力を推測する

シキミの分布は南西諸島から東北南部にまで及んでいる。それはこの植物の種子の移動が活発におこなわれてきたことを物語っている。また現在でも種子が活発に移動していることを端的に示すのは、シキミの実生や若木を森林外の場所でしばしば見かけるという事実である（図5・11）。周辺に親木がまったく見当たらない場所にも、シキミが生えているのだ。種子が自発型散布以外の手段で運ばれているのは明らかである。

シキミ種子は自発型散布では数メートルしか移動できないのに対して、動物による貯食散布ではそれを

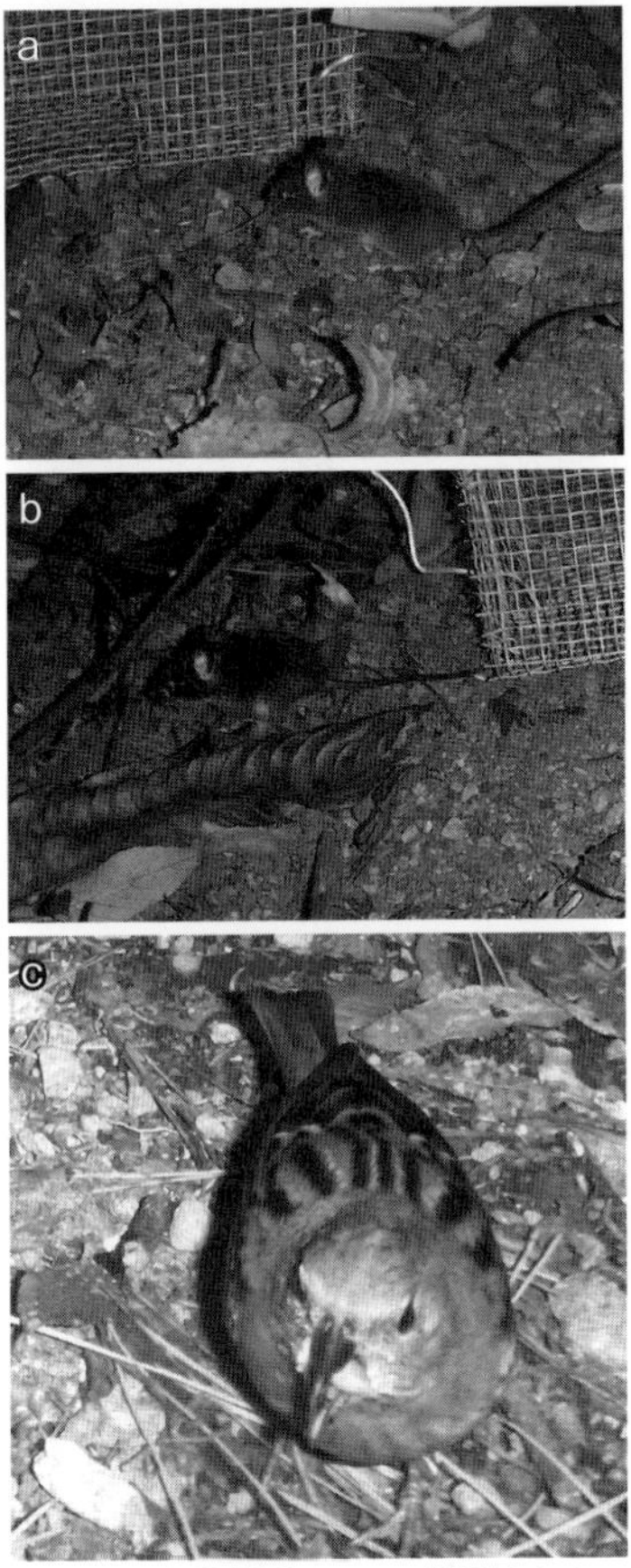

図5・10　自動撮影カメラで撮影された，シキミ種子を食べる動物たち．a, b）ヒメネズミ．c）クロジ．Yoshikawa et al. (2018)を改変．

図5・11　母樹から離れて森林外の場所で成長するシキミの若木.

はるかに超える距離を移動できる。別の樹種の事例ではヤマガラによる種子散布距離が最大二一〇メートルに達したと報告している（榊原、一九八九）。この距離は、テレメトリーで推定されたヤマガラの縄張りの直径とほぼ等しい（松井ほか、二〇一〇）。一方ヒメネズミによる散布距離はこれよりかなり短いとみられる。堅果で計測された散布距離は平均で十メートル程度、最大でも二〇〜三〇メートルである（Seiwa et al., 2002；吉村ほか、二〇一三）。だがそれでも自発型散布より遠くへ移動できるのは確かである。

これらの点を考え合わせると、動物による種子散布、とくにヤマガラによる貯食散布が、シキミという植物の空間移動に決定的であることは間違いない。

じつは植物の自発型散布がほんとうに有効なのかどうか、以前から疑問視されていた。それは測定された散布距離が短いものが多かったからだ。たとえば、ある研究者は、ヨーロッパのさまざまな植物の種子散布距離のデータを収集し、これを散布様式ごとにまとめている（Vittoz and Engler, 2007）。この研究によると、自発型散布の種子（おもに草本）の散布距離はほとんど五メートル未満だった。この値は、シキミの結果とよく一致している。この研究者たちが指摘するように、自発型散布の移動能力はかなり低く、これらの植物が急速に分布を拡大した場合には、動物散布などの別の散布様式にアシストされている可能性性が高いだろう。

　ヤマガラは日本列島と周辺の島嶼部に広く分布している普通種であり、シキミの生えている場所であれば、ほぼどこにでも生息していると考えられる。私も伊豆半島以外のいろいろなところで、ヤマガラの食痕を確認している。一方ヒメネズミも広い分布をもつ種だが、標高の低い場所ではいないこともある。なおアカネズミなどの他のネズミ類もシキミの種子散布に関わっているのかは、今調査中である（詳細はまだお伝えできないが、これもおもしろいことがわかってきた）。いずれにせよ、シキミとヤマガラの結びつきはとても強く、この樹木は実質的に貯食散布で移動していると考えていいだろう。

　じつは種子散布をヤマガラに頼っている植物はシキミだけではない。日本の樹木のなかには、そうした種が結構あるのだ。エゴノキ科のエゴノキ *Styrax japonica* やハクウンボク *Styrax obassia*、針葉樹のカヤ *Torreya nucifera*、イチイ *Taxus cuspidata* などである。エゴノキの果実や種子のようすを見てみよう（図5・12）。果実は直径約一センチメートルの球形で、多肉質の果肉に包まれていて、これだけ見ると被食型散布に見える。この果実が枝に鈴なりになったようすは、とても綺麗である。だがこの果実を丸呑みする鳥はいない。やってくるのはほぼヤマガラだけで、彼らは果肉を剥いで種子を運んでいくのである（図5・13）。右に挙げた樹種の種子は、地上に落ちた後ネズミ類が運んでいる可能性もあるが、それでも貯食散布者としてのヤマガラの存在感は際立っている。日本の森林のなかで、この鳥はかなり特別な位置を占めているようだ。

　それでは、シキミとその仲間たちの種子散布はどうなっているのだろう？　シキミ属は北半球に五〇種

図5・12　エゴノキのa）果実とb）種子．一見液果のようだが，成熟が進むと果肉が剥がれ落ちて種子だけになる．

図5・13　エゴノキの種子を処理するヤマガラ．a）枝から果実を取る．b）果実を足で押さえるc）くちばしでつついて種子を取り出す．写真提供：小野安行氏．

弱が分布し、うち五種が北米南部から中米に、残りが東アジアからインドにかけての地域に分布している（Keng, 1993）。これらの種の果実はどれも自発型散布のメカニズムを備えていることがわかっている（Romanov et al, 2013）。自発型散布様式はシキミ属の共通祖先から、ずっと受け継がれてきたとみられる。だがこれらの種でも、自発型散布の移動能力は限られている可能性がある。北米に分布する*Illicium floridanum*という種でも、種子を飛ばせるのはわずか数メートルであることがわかっており、ネズミ類による貯食散布の可能性が指摘されている（Roberts and Haynes, 1983）。一方他のシキミ属植物で貯食散布がおこなわれているのかについてはまったく情報がない。

また、シキミの果実や種子の形態には、おそらく貯食散布者に対して適応している部分があるにちがいない。これも興味あるところだ。今回の調査でわかったように、ヤマガラは特定の形態の果実を選択的に利用しており、これは果実や種子の形態に対する選択圧になりそうである。貯食散布がおこなわれている種とおこなわれていない種で形態を比較することができれば、そうした進化について何かわかるかもしれない。

コラム　動物の貯食行動のめくるめく世界

貯食行動は一部の哺乳類や鳥類で見られる行動である。貯食の対象となるのは種子が多いが、猛禽類や昆虫食鳥類は獲物の動物や昆虫を貯食することもある。たとえばモズ*Lanius bucephalus*が獲物を木の枝に刺しておく「はやにえ」も貯食の一種と捉えることができるだろう。

ひと昔前の本では、貯食散布は「動物が種子の隠し場所を忘れて」なされる、と説明するものが少なくなかった。種子散布の勉強をはじめた頃そんな説明を読んだ私は、貯食者はあまり賢くないのだと思いこんでいた。だが近年の詳細な研究は、こんな「うっかり者の貯食散布者」のイメージを覆し、彼らの巧みで複雑な貯食戦略に光を当てつつある。さらに、彼らが優れた記憶能力や認知機能をもつこと、そしてそれを可能にする特有の脳の構造をもつこともわかってきた。また貯食された種子をめぐって、動物間に複雑な攻防があることも見えてきた。貯食に関する欧米の研究を見ていて印象的なのは、生態学や行動学だけでなく、神経科学や脳科学の分野の研究者も少なからず関わっていることである。このことは動物の貯食行動のもつ幅広い射程を示している。新たに見えてきた貯食行動の多様な側面を紹介したい。

物と場所を記憶する動物たち

貯食という行動が成り立つためには記憶能力、とくに空間記憶が優れていることが必要となる。貯食を行う動物の記憶力は室内実験で調べられていて、どこに何を隠したのか、かなり長期間覚えていることがわかっている。たとえばアメリカのハイイロホシガラスは、種子を貯食した場所を七~九か月の間記憶する（Balda and Kamil, 1992）。また貯食をする種としない種を比べると、貯食する種の方が優れた空間記憶をもっている（Clayton and Krebs, 1994）。さらに動物は貯食に際して食物の腐りやすさも考慮していることがわかっている。トウブハイイロリスは長持ちするドングリと長持ちしないドングリを与えられた場合、前者を優先的に貯食し、後者をその場で食べる傾向がある（Hadj-Chikh et al., 1996）。また長持ちする餌としない餌を同時に貯食したフロリダカケスは、貯食から時間が経過するにつれ、長持ちする餌の方を優先的に探すようになる（Clayton and Dickinson, 1998）。貯食した食物がどういうものであり、その時点で利用できるかどうかを、彼らはちゃんと把握しているのである。

さらに貯食行動は動物の脳の構造にも関わっている。貯食をする鳥では、空間記憶を司る部位である海馬が大きいことがわかっている(Garamszegi and Eens, 2004)。またこの海馬の大きさは季節変化することがあり、貯食をする秋冬には海馬が肥大しており、脳の構造も柔軟に変化させているとみられる(Sherry and Hoshooley, 2010)。

貯食した食べ物をめぐる攻防

貯食後の種子は、他の動物に盗まれてしまうことが少なくない。盗むのは別種の動物のこともあるし、同種のこともある。たとえばカケスが種子を隠して、それをアカネズミが盗む場合もあるし、アカネズミが種子を隠して、それを別のアカネズミが盗むこともある。ヤマガラを筆頭に日本のカラ類のほとんどが貯食をするなかで、ただ一種シジュウカラだけは貯食をしない(中村・輪湖、一九八八)。だがシジュウカラは他のカラ類が貯食した種子を盗むことが知られている(Brodin and Urhan, 2014)。ちょっとズルい鳥なのだ。

だが貯食をする動物もみすみす種子を盗まれているわけではなく、盗まれないようさまざまな工夫を凝らしている。一番基本的な戦略は、見えにくい貯食場所を選ぶ、あるいは貯食場所を枯葉などで隠すことだ。そんななか、すごい戦略をもっているのがカケス類である。彼らは状況に応じてさまざまな防衛戦略をとっており、個体同士で心理戦と言っていいような複雑な駆け引きをしているようだ。まず近くに他個体がいる場合は、貯食場所を変えたり貯食自体を止めたりする(Clayton et al., 2007)。さらには、盗む個体の裏をかくことすらある。アメリカカケスは貯食するところを他個体に見られた場合、貯食をしたふりをして何も隠さずにそのまま飛び去ることがある(Clayton et al., 2007)。盗みをする個体を欺いているのだ。これは過去に餌を盗まれた経験のある個体でのみ見られるため、学習による行動とみられている。

貯食の繰り返しで移動する種子

貯食をする動物と盗みをする動物のあいだの複雑な駆け引きは、植物の種子散布パターンにも波及する。とくに、貯食者が種子を盗まれないようにする行動が、種子の動きを促しているのだ。貯食者は一度隠した種子を別の場所に再貯食することがある。げっ歯類による堅果の貯食散布では、この再貯食が何度も起こる。ある研究で確認された種子の平均移動回数は五・五回、最大回数は三十六回にのぼっていた(Hirsch et al., 2012)。種子はまるでサッカーやラグビーのボールのように森林内をあちらこちらへと移動していくわけで、そのたびに母樹からの散布距離が大きくなり、より生育に適した環境に運ばれていた。

このように貯食行動に関してはさまざまな興味深い結果が得られている。だがこの行動の生態と進化は、さらに広い射程をもっているのでないかと私は思っている。経済学っぽい言い方をするなら、貯食行動は「現在使いきれない資源を将来の自分に投資すること」と言えるだろう。このような将来への投資という観点から貯食行動を捉え直してみると、意思決定メカニズムの進化なども関わってくるはずだ。貯食行動の背後にはまだまだ未開拓の分野が広がっている。

なぜヤマガラたちは猛毒に耐えられるのか?

シキミの種子をめぐる最大の謎は、なぜヤマガラやヒメネズミ、クロジといった動物がシキミの猛毒に耐えられるのかである。シキミの毒性は、人間や家畜などの哺乳類だけでなく、両生類や魚類などの多様な脊椎動物で確認されている。にもかかわらず、これらの鳥類と哺乳類はシキミ種子を食べても無事なようだ。とりわけ奇妙なのは、同じげっ歯類であるマウスやラットでは強い毒性が確認されているにもかかわらず、ヒメネズミがシキミの猛毒に耐えていることである。

この問題については、まったく何もわかっていない。ここでは推測を述べることしかできないが、いくつかの可能性を考えてみよう。まず、有毒植物を調べた近年の研究では、動物は植物が有毒であっても、体内の解毒メカニズムによって許容できる量であれば食べることが知られている。植物のもつ毒素に対して、動物がさまざまな解毒メカニズムを発達させている。たとえば、コナラやミズナラなどの堅果に含まれるタンニンに対して、アカネズミは唾液に含まれるタンニン結合タンパク質や消化管内の微生物によって解毒できることがわかっている (Shimada et al., 2006)。また有毒のユーカリ類の葉を食べるコアラ *Phascolarctos cinereus* も、消化器内のさまざまな解毒メカニズムで対応していることがわかっている。このように動物は有毒物質に対してさまざまな経路で対応しており、ヤマガラやヒメネズミも有毒なアニサチンに対して柔軟に対応できるのかもしれない。

それとはまた別の可能性も考えられる。アニサチンはそもそも鳥類にとっては毒ではないかもしれない。そのような可能性が、別の物質で示唆されている。アミグダリンという有毒物質はある種の液果に含まれている。これは哺乳類に対して有害であるが、北米のヒメレンジャク *Bombycilla cedrorum* という鳥はなぜかその液果をたくさん食べる。採餌実験をおこなった研究では、ヒメレンジャクはアミグダリンを忌避せず、大量に摂取しても何も影響が見られなかったという(Struempf et al., 1999)。この事例が示すように、植物の毒素への感受性は動物の分類群によって大きく異なる可能性があり、鳥に対する影響を人間や哺乳類に対する毒性だけからは判断できない部分もある。これからは、動物生理の観点からヤマガラやヒメネズミのアニサチンに対する解毒メカニズムや耐性を明らかにしたいと思って準備を進めているところだ。この分野の研究を調べていて感じるのは、毒に対する生き物の耐性はまだまだわからないことだらけだということである。

置き換わる種子散布

植物の果実や種子のかたちを見れば、その種がどのような散布様式に適応しているのか、おおよそ理解することができる(第2章「コラム　植物の種子散布とそのさまざま」を参照)。たとえば種子に羽毛が付いていたら風散布、カラフルで多肉質の果肉があれば被食型動物散布、表面に粘液がついていれば付着型散布だと判断することができる。

だがシキミを調べてわかってきたのは、種本来の散布様式と思われるものがまったく別のものに置き換わっている可能性だ。シキミ種子は形態の点で明らかに自発型散布であるにもかかわらず、実質的には貯食散布で移動していた。他の樹種にもこうした隠れた散布様式が存在し、決定的な役割を果たしているかもしれない。そのため植物の散布プロセスを見定めるには、果実や種子のかたちや成分だけに捉われずに、さまざまな可能性を検討することが必要である。予想外のヒメネズミの貯食散布がケージ実験でわかったように、散布の実態を明らかにするためには、先入観を捨てて地道なフィールド観察や実験をやってみることが大切だろう。

同様に散布様式が置き換わっている例として、裸子植物のイチイがある。イチイの果実は、まわりに多肉質の赤い果肉(仮種皮)があり、どう見ても被食散布に適応した形態をしている(図5・14)。だがこの果実にやってくる鳥を観察した榊原(一九八九)は、ヤマガラが非常にたくさんの種子を運び、果実食鳥以上に散布に貢献していることを明らかにしている。つまりイチイの種子散布も被食型から貯食型に置きかわっている可能性があるわけである。じつはこの事実も、私はかつて「裏庭」で実地に知ることができた。京大のキャンパス内にも一本のイチイの木があって、この論文に記されたとおり、ヤマガラが頻繁に種子を食べるのを目にすることができた。もし秋に結実しているイチイの木を見つけたら、その木の下に注意してみてほしい。取り外された果肉や砕かれた種子の破片が見つかるかもしれない。ヤマガラが種子を運んでいる証拠である。じつはイチイとヤマガラの関係にも不思議なことがある。イチイの種子もタキシンというアルカロイド系の有毒物質を含み、シキミと同様に

図5・14　イチイの果実．形態的には液果であるが，種子の多くがヤマガラに貯食散布される．

猛毒なのだ。どうもヤマガラはこの物質に対しても耐性をもっているようだ。ほんとうにこの鳥は謎だらけである。

このように種子本来の散布様式が別のものに置き換わっていることがしばしばある。だが植物の種子散布を考えるうえで、さらに見逃せないことがある。それは偶発的な散布というものが存在することである。

海を渡る種子 ―動物たちも関わる偶発的散布

偶発的な散布とは何だろうか？　それを理解するために第4章で紹介した伊豆諸島の植物を見てみよう。本州と一度も繋がったことがなく、島同士も数十キロメートル離れた海洋島（図5・15）。ここに生えている植物を眺めていると、種子散布の別の側面が見えてくる。

これらの島をめぐっていると、「どうやってここに来たのだろう？」と不思議に感じる植物を、たくさん見つけることができる。たとえば、大きな堅果をもつスダジイやヤブツバキやエゴノキがそうである。これらは通常、鳥類やネズミ類の貯食行動によって運ばれるはずだが、そんなやり方で数十キロも海を越えてこられるだろうか？　また風散布種子をもつ植物もたくさんある。オオバヤシャブシやハチジョウイタドリ *Fallopia japonica* var. *hachidyoensis* といった植物がそうだ。確かに種子に羽根や羽毛が付いているけれども、それだけでほんとうに海を渡ってこられるのか疑問である。また、そもそもどうやって運ばれるのかよくわからない植物も目にする。たとえば湿地に生える食虫植物のモウセンゴケ *Drosera rotundifolia*

図5·15　a）三宅島から望む御蔵島．
b）新島の集落を眺める．奥には式根島と神津島が見える．

も伊豆諸島の各地に分布しているが、その種子は一ミリメートルほどと小さく、風散布のための翼もない。このように通常の散布では分布が説明できそうにない植物がたくさんあるのだ。なお伊豆諸島の植物については、三宅島の隣の神津島の植物愛好家の方がまとめられた『神津島花図鑑』という素晴らしいハンドブックがある（七島花の会神津島、二〇一一）。生態写真も美しく、神津島だけでなく伊豆諸島全体の植物について、またとないガイドとなっているのでお勧めである。

伊豆諸島は本州からの距離が最大で数百キロメートルであるのに対して、太平洋のハワイ諸島やガラパゴス諸島のように大陸から数千キロメートル離れた海洋島も少なくない。そんな場所にもさまざまな植物たちが辿り着いている。あるいはある一つの種が、遠く離れた別の大陸に分布していることも少なくない。これは植物の分布を考えるうえで、大きな謎である。

この謎は古くから多くの人たちの関心を引きつけてきた。じつはすでに十九世紀に、この問題に関心をもち具体的な仮説を示した人物がいる。自然選択による進化を提唱したチャールズ・ダーウィンである。ダーウィンは『種の起源』のなかで植物の種子散布にしばしば触れており、彼がこの問題に深い関心をもっていたことがわかる(ダーウィン、一九九〇)。とくに詳しく種子散布に触れているのは植物種の広域分布について論じた部分で、そこで彼は種子が海洋島に達する方法として、海流による散布の可能性を指摘している。彼は陸上植物の多くの種子が、長期間海水に耐えられることを自らの実験で示している。また枝についたまま乾燥した果実や種子は、通常より長い期間海水に浮くことができ遠くに運ばれることを指摘している。

ダーウィンの主張のとおり、種子はそれ本来の散布様式で運ばれるだけでなく、しばしば別の手段によっても運ばれることがわかってきた。たとえば風散布種子の一部が川に流されて運ばれたり、アリ散布種子の一部が植物体ごと大型草食獣に食べられて運ばれたりするようなことが起こる。陸地の森林の植物の種子が川で運ばれる。さらには海に出てから台風や津波によって遠くに運ばれることもある。こうした非標準的な散布は、たとえ稀であっても、けっして無視することができないプロセスである。通常は辿りつけない場所に種子を行き着かせ、植物の地理的分布を一気に変えるポテンシャルをもっているからだ。実際、植物の分布を大きく広げているのは、多くの場合こうした偶発的な散布であることがわかってきた(Cain et al., 2000)。

またダーウィンは、この偶発的な種子散布に動物が深く関わっている可能性を指摘しており、これは近年の研究でも支持されている。たとえば、海底火山の噴火でできた海洋島にいち早く定着する植物は、動物が偶発的に運んだものが多い。小笠原諸島の無人島では、草本の風散布種子がミズナギドリ類などの海鳥のからだに付着して島外から運ばれていた(Aoyama et al., 2012)。また水辺や湿地では、被食散布でない草本の種子がカモ類などの水鳥によって呑み込まれて運ばれることが起こる。カモ類は種子を呑み込んでから排出するまでの時間(体内滞留時間)が長く、種子を体内に入れたまま長距離の渡りをすることで、これらの植物の分布を大きく広げているのだ(Brochet et al., 2010: Soons et al., 2016)。

さらにダーウィンは、『種の起源』の同じ箇所で、種子が海洋島に辿り着くさらに複雑な方法を述べている。それは種子を食べた動物がさらに大型の捕食者に食べられることで長距離散布されるというものである(ダーウィン、一九九〇)。

『ところで、鳥が多量の食物を発見してむさぼり食ったのちには、十二時間、いや十八時間も、一粒の種子も砂嚢まで達しないことが、実際に確かめられている。鳥はその時間のあいだにたやすく五百マイルもの距離を風にのって飛ぶことができるし、タカは疲れた鳥を狙っていることは周知であり、それらの鳥のひきさかれた嗉嚢の内容物はこうして容易に散乱しうるであろう。(・・中略・・)ある種類のタカやフクロウは獲物をまるごとのみこんでしまうが、十二時間から二十時間のあいだに、発芽の能力をたもった種子を含む塊をはきだすということを、私は動物園でやってみた実験によって知った。』（岩波文庫・八杉龍一訳：第十一章）

ダーウィンが提唱してから百年以上が経過して、この一見荒唐無稽な「二段階散布」説に目が向けられはじめた。大西洋のカナリア諸島における種子散布を調べていた研究者たちは、果実食の小型トカゲ類と、それを食べるモズやハヤブサといった肉食鳥類との関係に着目した(Nogales et al., 2007)。これらの肉食鳥類も種子散布しているのではないかと考えたのだ。調査の結果、肉食鳥類のペリットからも種子が見つかり、これらも問題なく発芽できることがわかった。また同じカナリア諸島において別の研究者たちは、島の北西にあたるヨーロッパ大陸から渡ってきた小鳥に着目している(Viana et al., 2016)。研究者たちは島付近の海上を渡る鳥たちが猛禽類に捕まえられ、その死骸が島に持ち込まれていることに気づいた。この鳥の死骸を詳しく調べた結果、消化管内に島外の植物の種子が発見された。まさにダーウィンが考えたとおりに種子が運ばれていたのである。

ではこのような観点を踏まえて、伊豆諸島で見られた植物たちの来し方を推理してみよう。まず海流による散布は、とくに大型の堅果類や風散布種子でかなり可能性が高そうだ。そのポテンシャルは、飛ぶことができない動物の分布を見ても理解することができる。ヘビ類やモグラ類が伊豆諸島の島々に分布していることは、海の漂流物とともにこれらの動物が島にやってきたことを物語っている。伊豆諸島のシマヘビのDNA分析から、この動物が伊豆諸島に複数回、本州の別の地方から流れ着いて定着したことが明らかになっている(Kuriyama et al. 2009)。このことを考え合わせると、さまざまな種子が海流に運ばれて島にたどり着くことも十分考えられる。実際四国のある海岸の漂着物を調べた調査では、ふつうの森林性植物の種子がかなり多く見つかっている(米田ほか、二〇一三)。森林の種子では塩分耐性や浮遊能力はほとんど調べられていないが、調べてみれば意外な散布ポテンシャルが見えてくるかもしれない。

また草本の小型の種子については、カモ類のような水鳥に食べられたり、体に付着したりして偶発的に海を渡ってきた可能性もある。液果では、ダーウィンの提唱したような二段階散布もあるかもしれない。日本には液果を食べる爬虫類はいないので爬虫類を介した二段階散布こそ不可能だが、渡り鳥が猛禽類に食べられて運ばれるというシナリオはありそうだ。またカラス類などの大型鳥類によって遠距離を直接運ばれていることもあるかもしれない。

もちろんここに記したことは推測の域を出ず、それぞれの種子がどのように島にやってきたのか結論を下すことは難しい。だが、こうした想像を巡らすのは楽しい。いろいろな散布の可能性を一つひとつ検証していくのもおもしろそうだ。

リンカーとしての鳥類

植物の種子は一度発芽すると、その場所から移動することはできない。それが固着性の生活をとる植物にとって宿命的な制約である。だから種子散布によってどこに辿りつけるかは、種子のその後の生存を左右するもっとも重大な問題である。もし好適な場所に辿りつければ、種子は発芽して生長することができる。その中のごく一部の幸運なものだけが順調に生長をつづけ繁殖ステージに至り、ふたたび種子を生産してそれを散布することができる。こうした世代を超えたサイクルを繰り返すことが、植物の種や集団が存続していくうえで不可欠である。

一つの場所から動くことができない植物が、種子というかたちで空間的に移動する。そのためにさまざま媒体を利用するように進化し、一部は鳥類を利用するようになった。こうして被食散布種子と貯食散布種子の種子散布プロセスに、鳥類が深い関わりをもつようになった。ここまではよく知られた事実だ。だが植物の種子散布の見方を拡げて偶発的な散布も含めてみると、食べ物も生き方も異なる多種多様な鳥たちがそれに関わってくることがわかる。果実を食べる鳥や種子を貯食する鳥にとどまらず、水草や魚を食べる水鳥類、小動物を食べる猛禽類も種子散布に関わってくる。種子散布者としての鳥類の働きは想像以上の広がりをもっている。

さらに言えば、鳥類が運んでいるのは植物の種子だけではない。陸生や水棲の微小動物も運んでおり、それらの移動分散にも一役買っていることがしだいにわかってきた(Green and Figuerola, 2005)。鳥たちはこういった動物を呑みこんだり体表に付着させたりして遠くに運ぶ。たとえばメジロは小さな陸生貝類を食べるが、その一部は呑み込まれたあとも生存し、遠くに運ばれる可能性があることがわかっている(Wada et al., 2012)。最近神戸大学の末次健司さんは、ナナフシ類が鳥に食べられても体内の卵は生き残り、無事に排出されて散布されることを明らかにした（Suetsugu et al., 2018）。森林の昆虫でさえも鳥がベクターになって運んでいる可能性があるのだ。

さらに鳥たちが運ぶのは生き物だけにとどまらない。窒素などの無機的な栄養分を運ぶのも鳥たちの重要な役割である。とくに海洋島では海鳥が糞としてもちこむ窒素やリンが、土壌や植生の発達に不可欠な資源となっており、生態系全体に決定的な役割を果たしていることも多い（Magnussen et al., 2014）。

ここから見えてくるのは、生態系における鳥類のより一般的な機能、すなわち運び手、ベクターとしての重要性である。種子、花粉、小動物、微生物、ウィルス、あるいは無機的な物質。これらすべての運び屋として働くことで、鳥たちは生き物と生き物を、あるいは場所と場所をつなぐ役目を果たす。さまざまなものをつなぐ「リンカー」である（Sekercioglu, 2006）。花と花と、陸と海を、土地と土地をリンクさせる。種子を運ぶ水鳥のように、数千キロメートルもの距離を隔てた場所と場所とをつなげるものたちもいる。もちろん生態系の中のどの動物も、多かれ少なかれそういった機能をもっているけれども、空を自由に飛び、時に何万キロメートルものの渡りをする鳥類こそ、そうした働きの主役である。このような鳥類のもつ生態的機能・生態系サービスの射程の大きさを考える時、彼らの見方が変わってくるだろう。

種子はどこから来て、どこへ行くのか？—種子散布の多様性、種子散布研究の多様性

植物の種子はどこまで移動していくのか？　どれくらい遠くにたどり着けるのか？　そしてこのプロセ

スに動物たちはどのように関わっているのか？　これらは、多くの研究者が長年取り組んできたが、いまだ解決できていない問題である。空間を移動する種子、とくに長距離を移動する種子は直接追いかけることができない。この制約が問題の解決を阻んできた。

こうした問題は近年ますます重要になってきた。近い将来、気候変動にともなって植物の生息適地が変化するにつれ植物は移住を余儀なくされる可能性が高い。その際には種子散布が、とくに遠距離の種子散布が成功するかどうかが、種や個体群の存続に決定的な影響を与えるだろう（Corlett and Westcott, 2013）。また人間活動により森林などの生息地が分断化しつつある状況においても、種子が森から森へと長距離を移動することの必要が高まっている。こうした生態系保全の観点からも植物の種子散布能力＝移住能力を評価することの重要性が認められるようになり、種子の散布能力を推定しようとする試みがしだいに盛んになっている。

最後にこうした課題に研究者たちがどのように取り組んできたか、それをごく簡単にスケッチしたい。そこから見えてくるのは、さまざまなアプローチを総動員しながら種子散布という現象に近づいていこうとする研究者たちの営みだ。フィールド調査や室内での実験などのそれぞれのアプローチで得られるのは、偏りのある不完全な知識のピースにすぎない。だがそうした不完全な知識のピースを寄り合わせるなかから、またそれらを磨いていくなかから、種子散布の実態がすこしずつ見えてきた。

フィールド調査で種子の行き先を直接明らかにすることは、ごく限られた場合を除いてとても難しい。種子をマーキングして追跡できるのは、散布距離の比較的短いものに限られている。とくに動物による被食散布の場合こうした種子の追跡は困難である。過去の研究者は動物が果実を食べてもちさるプロセスについて詳細な観察を重ね、どのような動物がどれほどの量の果実を運んでいるのかについては知見を積み重ねてきた。だが、それらの動物が運ぶ種子の行き先まではほとんどわかっていなかった。散布距離についても動物のだいたいの行動圏の広さからおぼろげに推測するだけだった。だが二十年ほど前からこうした状況が変化しつつある。種子や実生の遺伝子を分析することで、それらの母樹を特定し種子の移動距離を測ることができるようになったのだ。こうしたアプローチによってフィールドにおける種子の移動パターンがすこしずつ見えはじめた。どのような動物が種子を遠くに運ぶのかもわかりつつある。ただこうした方法でも長距離を運ばれる種子の多くは見逃してしまう。種子の移動パターンのすべてを捉えるには不十分なのだ。

一方、野外調査とはちがったやり方で、種子の行き先を推測しようというアプローチも進められてきた。室内実験とシミュレーションを組み合わせることによって種子散布距離を推測しようとしたのだ。これは風散布や水流散布などの物理的な媒体を使う種子に対して有効なアプローチである。たとえば風散布種子であれば風洞実験によってさまざまな条件での種子の飛距離を計測できる。そしてこのデータを使って、さまざまな気候条件における種子形質と散布距離の関係をモデル化することができる。海流散布の種子の場合も同様に、種子の性質と海流の流れ方から種子のゆくえをある程度シミュレートできるだろう。このようにして種子の行き先をある程度予測することが可能になってきた。

動物による被食散布でも近年、こうしたアプローチと新たなテクノロジーを組み合わせることにより、種子の行き先をより正確に推測できるようになってきた。これは飼育個体を用いた採餌実験で、種子の体内滞留時間を計り、それとフィールドにおける動物の経時移動データを組み合わせることで、種子の行き先を推測しようとするものである。こうした手法を可能にしたのが動物を追跡する技術の飛躍的な発展である。近年GPSを内蔵した追跡装置が小型化し、さまざまな動物に装着できるようになり、彼らのフィールドにおける移動軌跡が詳しくわかるようになりつつある(小池、二〇一二)。今後はより多くの動物を追跡できるようになるだろう。

だがここで思い出さなければならないのは、種子散布のプロセスのなかに偶発的なものがあることである。こうした偶発的散布は種子を遠くに運び、植物の分布を大きく変える可能性があるにもかかわらず、これがどのようなかたちで、どのような頻度で起こり、どこに種子を運ぶのか、それを明らかにすることはとても難しい。そうやって運ばれた種子を検出し、またそのパターンを予測することははじまったばかりである。これを解明することが今後の大きな課題である。

ここで忘れてはならないのは、こうした偶発的な種子散布を明るみに出すにはフィールドでの地道な観察、自然史的・博物学的な事例観察がとても大切だということである(Higgins et al., 2003)。さきほど紹介したダーウィンの突飛なアイデア—果実を食べた小動物を大型捕食者が食べることで種子が遠距離散布される—も、まさにナチュラリストとしての知識と経験から生まれたものといえるだろう。野外で生物をじっくり観察することで得られる知識や経験は、自然界で起こる多様な散布経路を捉えるために欠かせないものなのだ。そうしたアイデアの元になる知見は単なる瑣末な記録として軽んじられがちだが、大きなポテンシャルを秘めている。もちろんこうしたアイデアが、実際どれほど重要であるかは、別のアプローチによって詳しく検証される必要がある。こうして厳密な検証に耐えることができたなら、そのアイデアは新たな理解の枠組みのなかに組みこまれていくだろう。そのようなサイクルを経て、種子散布の理解はひとまわり進むことができる。

このように種子散布のメカニズムと種子の行き先は、さまざまな偶発的な出来事に左右されており、予測することが難しい。思わぬ場面で思わぬ動物たちが関わってくる、一筋縄でいかないプロセスだ。ここに種子散布という現象の複雑さ、厄介さがあり、またそれを解き明かしていくロマンや魅力もあるといえるだろう。そしてこうした種子散布の現象を明らかにしていくうえで大切だと思うのは、フィールド調査や室内実験で得られた知見を、理論的なモデルやシミュレーションと、そして自然史的な観察とも撚り合わせていくことである。調査と実験と理論と観察のどれもが重要だというのは、生態学の研究全般がそうだけれども、とりわけ種子散布の解明にはこうした複合的なアプローチが必要だと感じている。

そしてこうしたアプローチの多様性もまた、種子散布を研究する魅力の一つなのではないかと思う。野外調査を得意とするフィールドワーカーも、豊富な野外経験をもっているナチュラリストも、モデルや数学に強い数理生態学者も研究に貢献できる。さらに文献の記録を掘り起こす研究者も、そこに加える必要があるだろう。そうした異なったアプローチで得られた知見を組み合わせ相互に照合することのうちから種子散布の実態は少しずつ解き明かされていく。

自然界の仕組みを明らかにしていく生態学の営みは、数多くの研究者が関わり合いながら作り上げていく、一つのパズルに例えられるかもしれない。研究者たちはある時は独りで、またある時は共同して、事実というピースを見つけ、それらを繋ぎ合わせるモデルを考えだす。そうやってできたモデルは手持ちのピースを、あるいは将来掘り出されるピースをうまく組み込めることもあるし、そうでないこともある。うまくいかないときはそれを解体して、新たなモデルを考えなおしたり新たなピースを探し求めたりする。そんな作業の繰り返しのなかで少しずつ対象についての認識が深まっていく。最初はつまらないものに見えて放置していたピースが、後になって重要だとわかることも少なくない。

多くの研究者たちと同様に、私はそうした事実のピースを見つけ、それを共有する作業を続けてきた。裏庭を歩きまわって小さな事実のピースを見つけ、書庫にこもって先人たちが見つけた知識のピースを掘り起こす。そしてこうしたピースを組み立てて、鳥と樹々のつながりについていくつかのスケッチを描く。そうした研究の営みを通じて、鳥と樹々のつながりを解き明かす共同作業の一端に加わることができた。現在は研究のフィールドはさまざまに広がってきたけれども、裏庭や書庫で見つけた小さな発見こそ自分の研究の原点だと思っている。これからもそうした発見を育てながら研究を深め、そして別のスケッチを描きたい。そう願いながら研究をおこなっている。

おわりに

大学のすぐそばの「裏庭」で研究をはじめてから、ずいぶんと時間が経った。この本で記してきたように、こうした場所で研究をはじめることになったのはなかば偶然のなりゆきであり、自分の進路も研究のコースもさまざまな紆余曲折を経てきた。だが幸いなことに、そうした場所でもなんとか自分なりの発見をし、それを追求することで研究を進めてくることができた。

もちろんこうした身近な場所でおこなう研究には、さまざまな限界がある。ローカルな場所だけでは見えないこともある。一般性や普遍性をもった知見を得るためには十分でないこともある。ハイインパクトな研究成果が求められている現在では、あまり薦められることではないかもしれない。私の場合そうした限界に悩んだ結果、「書庫」にあるデータから鳥と植物のつながりの全体像を明らかにすることを模索するになった。

だがその一方で、「裏庭」でおこなうことができた研究は自分にとって大切な財産になっている。鳥が種子を壊すという、これまで研究者が見逃しがちだった事実を見つけたことは自信にもなった。たとえそれがささやかなものであっても、自分自身でおこなった発見から研究をはじめ、そこから何か予想外のものが見えてきたとき、深い満足を感じることができる。それは「裏庭」でも「書庫」でも他の場所でも変わらないはずだ。そしてこうしてはじまった謎解きのなかで、自分の思い込みが覆され、認識が更新される瞬間が訪れることがある。それはすごく新鮮な体験だ。この本は私がささやかながら体験することのできた、発見と探究と認識の転換のプロセスを少しでも伝えられたらと思って書いた。

生態学の入口はどこにでもある。ごく限られた小さな場所も広い世界につうじている。この本の読者の方にそのことを理解してもらうことができれば、そして自分も何か研究してみたいと思ってもらえるなら、とても嬉しい。

現在私は、つくば市の国立環境研究所・生物・生態系環境研究センターの特別研究員として、近年の植生変化とそれにまつわる動物の種子散布に関して研究をおこなっている。人間活動や気候変動による生態系変化が懸念される現在、森林の樹木や草地の植物がどのように変化しているのか把握することが、今後の生態系を予測するために重要になっている。そして植物がどれほど移動できるのかという問題も、今後の環境変動に対する植物の応答を予測し、その保全策を考えるうえで重要な課題として浮かび上がってきた。単純な好奇心から鳥類と植物の関係を調べはじめた研究だったが、それを調べていくうちに視界が広がり、社会的に重要な課題とつながるようになり、これまで研究を続けてくることができた。そうした不思議ななりゆきとそれを支えてくれた方々に感謝している。今後は自分の研究成果をさまざまなかたちで社会に還元できるように努力していきたいと思っている。これまで既存データを用いて私がおこなってきた研究は、みずからの観察を記録し保存し共有してきた数多くの人々の膨大な労力に多くを負っている。自分の研究で見えてきたことをわずかでも、こうした方々と共有し還元できたらと願っている。

またこれまでの研究には未解決の問題がたくさん残されている。今後もそうした謎を追及していきたいと思っている。とくに第5章で紹介した猛毒植物シキミと動物たちの関係は謎にみちている。なぜ動物たちは猛毒に耐えられるのか、シキミと彼らの相利関係がどのように進化してきたのか疑問は尽きない。今後そうした問題に共同研究者とともに取り組むことを楽しみにしている。シキミと動物の関係に限らず、鳥類と植物の関係やその種子散布のプロセスについては、わかっていないことが山ほどある。この本の中でもそうした問題に触れて自分なりのアイデアをいろいろ述べたが、もしもこの本を読まれた方がそうした問題に関心をもち取り組んでくれるならとても嬉しい。

これまでの研究生活の中で、数え切れない方から支援を受けてきた。

菊沢喜八郎先生には研究をはじめた当初から、長い時間にわたってご指導いただいた。何もわからないまま研究室にやってきた私を寛容に受け入れ、見守っていただいたことに深く感謝している。井鷺裕司先生は研究の節目節目で励ましていただき、さまざまなバックアップをしてくださった。深くお礼申し上げたい。高柳　敦先生、山崎理正先生は、長年にわたり折々に相談にのってくださり、いつも有益なアドバイスをしていただいた。石原正恵さん、井上みずきさん、藤木大介さん、小山耕平さん、辻田香織さん、伊東康人さん、池内麻里さんをはじめとした研究室の先輩方は、未熟で失敗ばかりしている私をいつも支えてくださった。また研究室で時間をともにした他の多くの方にも感謝したい。和やかな雰囲気の中で研究に打ち込めたのは私にとって大切な思い出になっている。

理学部植物園の園丁をされていた中島和秀さんからは、調査にあたってさまざまな手助けをいただき、その支えもあって長期間の調査をやり通すことができた。梶田 学さんから調査の手ほどきを受けることができたのは、研究をはじめたばかりの私にとって大切な経験だった。岡部芳彦さんをはじめ京都大学フィールド科学教育研究センター演習林の技官の皆さんには野外調査をサポートしていただいた。深くお礼申し上げたい。

故浜口哲一先生、日本野鳥の会神奈川支部の石井 隆さん、神奈川県鳥類目録編集委員会の皆さんには、鳥類目録データの分析を快諾していただき、さまざまな便宜を図っていただいたことに深く感謝している。長年データ収集を進めてこられた神奈川支部の皆さんの熱意と努力にこころからお礼申し上げたい。このデータに出会うことがなければ、自分の研究の道筋は大きく変わっていただろう。また文献資料や標本の利用にあたっては、京都大学農学部図書室、京都大学理学部生物科学専攻図書室、公益財団法人山階鳥類研究所、大阪市立自然史博物館、兵庫県立人と自然の博物館、森林総合研究所に大変お世話になった。近頃軽視されがちな文献や標本の維持・保存に尽力されていることに敬意を表したい。

伊豆諸島・三宅島の調査では、それまで触れることのなかった海洋島の生態系に触れ、研究者としての視野を広げることができた。そうした研究の場を与えてくださり、ご指導いただいた東京大学農学生命科学研究科の加藤和弘先生、樋口広芳先生、また共同研究者の岸 茂樹さん、櫻なささんにお礼申し上げる。

森林総合研究所の正木 隆さんと、直江将司さん、山浦悠一さん、古川拓哉さんをはじめとする群落動態研究室の皆さんには、森林科学の最先端の場でともに研究をする貴重な機会をいただいた。活発な研究活動に刺激を受け、森林科学について多くを学ぶことができた。また研究生活のいろいろな場面でサポートしていただき、大変お世話になった。

立教大学の上田恵介先生と動物生態学研究室の皆さんには、自由で活発な雰囲気に大きく刺激を受けて、ともに楽しく研究を進めることができた。本岡 允さん、日野大智さんには短い時間だったが、ともに野外調査を進めていただいた。

竹中明夫さん、角谷 拓さん、石濱史子さんをはじめ現所属の国立環境研究所・生物・生態系環境研究センターの皆さんには、研究に専念できる環境を与えていただき深く感謝している。

これまでお世話になった方々は数えきれないが、一部の方のお名前をここに挙げさせていただきたいと思う(五十音順)。

阿部晴恵さん、安藤恭平さん、安藤温子さん、安藤正規さん、今村彰生さん、遠藤幸子さん、長田典之さん、長田 穣さん、片山直樹さん、兼子伸吾さん、上條隆志先生、川上和人さん、北岡 哲さん、岸本圭子さん、阪口翔太さん、指村奈緒子さん、ジェームズ・ワースさん、鈴木俊貴さん、滝 久智さん、田中啓太さん、綱本良啓さん、新倉夏美さん、日下石 碧さん、橋本啓史さん、原澤翔太さん、平岩将良さん、平山貴美子さん、廣田 充さん、藤田 剛さん、布施健吾さん、松井 晋さん、松山周平さん、水澤玲子さん、

宮下 直先生、横川昌史さん。

井鷺裕司先生、小野安行さん、服部正道さん、横川昌史さん、公益財団法人日本野鳥の会の内藤明紀さんには美しい写真の提供をいただいた。ここに感謝の意を申し上げたい。また北村俊平さんには本書の原稿を確認していただき、有益なコメントをいただいた。

本書で紹介した研究の一部は、日本学術振興会特別研究員奨励費、環境省環境研究総合推進費の支援を得ておこなった。

本書の執筆を勧めてくださった東京農工大学の小池伸介さん、長引く執筆を我慢強く見守っていただいた東海大学出版部の田志口克己さん、何度も文章の修正をしていただいた新井千鶴さんに、深くお礼申し上げる。

最後に、マイペースに研究を続ける私を長年見守ってくれた両親、家族、友人たちにこころからの感謝を伝えたいと思う。

二〇一八年十一月　晩秋のつくばにて

吉川徹朗

Yoshikawa, T., and Osada, Y., 2015. Dietary compositions and their seasonal shifts in Japanese resident birds, estimated from the analysis of volunteer monitoring data. *PLOS ONE*, 10: e0119324.
吉村和徳・中村麻美・大石圭太・畑 邦彦・曽根晃一，2013. ヒメネズミの貯食活動の特性．鹿児島大学農学部演習林研究報告，40: 9-15.
Yumoto, T., 1987. Pollination systems in a warm temperate evergreen broad-leaved forest on Yaku Island. *Ecological research*, 2: 133-145.

on seed germination of *Sorbus commixta*. *Oecologia*, 114: 209-212.

Yagihashi, T., Hayashida, M., and Miyamoto, T., 1999. Effects of bird ingestion on seed germination of two *Prunus* species with different fruit-ripening seasons. *Ecological Research*, 14: 71-76.

吉川徹朗，2007．ブナ科堅果に対するイカル *Eophona personata* の採食行動．山階鳥類学雑誌，38: 143-146.

Yoshikawa, T., and Endo, S., 2017. Courtship and offspring feeding in passerines, a study using citizen volunteers. *Ornithological Science*, 16: 59-63.

Yoshikawa, T., Harasawa, S., Isagi, Y., Niikura, N., Koike, S., Taki, H., Naoe, S., and Masaki, T., 2017. Relative importance of landscape features, stand structural attributes, and fruit availability on fruit-eating birds in Japanese forests fragmented by coniferous plantations. *Biological Conservation*, 209: 356-365.

Yoshikawa, T., and Isagi, Y., 2012. Dietary breadth of frugivorous birds in relation to their feeding strategies in the lowland forests of central Honshu, Japan. *Oikos*, 121: 1041-1052.

Yoshikawa, T., and Isagi, Y., 2014a. Determination of temperate bird-flower interactions as entangled mutualistic and antagonistic sub-networks: characterization at the network and species levels. *Journal of Animal Ecology*, 83: 651-660.

Yoshikawa, T., and Isagi, Y., 2014b. Negative effect of removing pulp from unripe fleshy fruits: seed germination pattern of *Celtis sinensis* in relation to the temporal context of fruit consumption. *Journal of Forest Research*, 19: 411-416.

Yoshikawa, T., Isagi, Y., and Kikuzawa, K., 2009. Relationships between bird-dispersed plants and avian fruit consumers with different feeding strategies in Japan. *Ecological Research*, 24: 1301-1311.

Yoshikawa, T., and Kikuzawa, K., 2009. Pre-dispersal seed predation by a granivorous bird, the masked grosbeak (*Eophona personata*), in two bird-dispersed Ulmaceae species. *Journal of Ecology and Field Biology*, 32: 137-143.

Yoshikawa, T., Masaki, T., Isagi, Y., and Kikuzawa, K., 2012. Interspecific and annual variation in pre-dispersal seed predation by a granivorous bird in two East Asian hackberries, *Celtis biondii* and *Celtis sinensis*. *Plant Biology*, 15: 506-514.

Yoshikawa, T., Masaki, T., Motooka, M., Hino, D., and Ueda, K., 2018. Highly toxic seeds of the Japanese star anise *Illicium anisatum* are dispersed by a seed-caching bird and a rodent. *Ecological Research*, 33: 495-504.

Ecology, 99: 1504-1506.

Takahashi, A., and Shimada, T., 2008. Selective consumption of acorns by the Japanese wood mouse according to tannin content: a behavioral countermeasure against plant secondary metabolites. *Ecological Research*, 23: 1033-1038.

Tewksbury, J. J., and Nabhan, G. P., 2001. Seed dispersal: directed deterrence by capsaicin in chillies. *Nature*, 412: 403.

Thébault, E., and Fontaine, C., 2010. Stability of ecological communities and the architecture of mutualistic and trophic networks. *Science*, 329: 853-856.

Thompson, J. N., 2005. The geographic mosaic of coevolution. University of Chicago Press, Chicago.

東樹宏和，2016．DNA 情報で生態系を読み解く．共立出版，東京．

内田清之介，1913．本邦産鳥類と農業との関係調査成績．農事試驗場特別報告，:1-54.

内田清之助・仁部富之助・葛 精一，1922．雀類に関する調査成績．鳥獣調査報告，1:1-136.

内田清之助・葛精一，1931．ホオジロ類の食性に関する調査成績．鳥獣調査報告，5:87-166.

上田恵介，1999a．種子散布 助けあいの進化論 1　鳥が運ぶ種子．築地書館，東京．

上田恵介，1999b．種子散布 助けあいの進化論 2　動物たちがつくる森．築地書館，東京．

上田恵介，1999c．日本南部の島々におけるメジロ *Zosterops japontca* の盗蜜行動の広がり．日本鳥学会誌，47: 79-86.

上田恵介（編），2016．野外鳥類学を楽しむ．海游舎，東京．

Viana, D. S., Gangoso, L., Bouten, W., and Figuerola, J., 2016. Overseas seed dispersal by migratory birds. *Proceedings of the Royal Society, Biological Sciences*, 283: 20152406.

Vittoz, P., and Engler, R., 2007. Seed dispersal distances: a typology based on dispersal modes and plant traits. *Botanica Helvetica*, 117: 109-124.

Wada, S., Kawakami, K., and Chiba, S., 2012. Snails can survive passage through a bird' s digestive system. *Journal of Biogeography*, 39: 69-73.

Wahaj, S. A., Levey, D. J., Sanders, A. K., and Cipollini, M. L., 1998. Control of gut retention time by secondary metabolites in ripe *Solanum* fruits. *Ecology*, 79: 2309-2319.

八木橋 勉，2001．鳥類による木本種果実の被食が種子発芽に与える影響．北海道大学農学部 演習林研究報告，58: 37-59.

Yagihashi, T., Hayashida, M., and Miyamoto, T., 1998. Effects of bird ingestion

olives: implications for avian seed dispersal. *Functional Ecology*, 11: 611-618.
Ridley, H. N., 1930. The dispersal of plants throughout the world. L. Reeve, Ashford.
Roberts, M. L., and Haynes, R. R., 1983. Ballistic seed dispersal in *Illicium* (Illiciaceae). *Plant Systematics and Evolution*, 143: 227-232.
Robertson, A. W., Trass, A., Ladley, J. J., and Kelly, D., 2006. Assessing the benefits of frugivory for seed germination: the importance of the deinhibition effect. *Functional Ecology*, 20: 58-66.
Romanov, M. S., Bobrov, A. V. F. C., and Endress, P. K., 2013. Structure of the unusual explosive fruits of the early diverging angiosperm *Illicium* (Schisandraceae *s.l.*, Austrobaileyales). *Botanical Journal of the Linnean Society*, 171: 640-654.
榊原茂樹，1989．イチイ *Taxus cuspidata* S. and Z. の種子散布におけるヤマガラ *Parus varius* T. and S. の役割．日本林學會誌，71: 41-49.
Seiwa, K., Watanabe, A., Irie, K., Kanno, H., Saitoh, T., and Akasaka, S., 2002. Impact of site-induced mouse caching and transport behaviour on regeneration in *Castanea crenata*. *Journal of Vegetation Science*, 13: 517-526.
Sekercioglu, C. H., 2006. Increasing awareness of avian ecological function. *Trends in Ecology & Evolution*, 21: 464-471.
七島花の会神津島，2011．神津島花図鑑．日本出版ネットワーク，東京．
Sherry, D. F., and Hoshooley, J. S., 2010. Seasonal hippocampal plasticity in food-storing birds. *Philosophical Transactions of the Royal Society of London B: Biological Sciences*, 365: 933-943.
Shimada, T., Saitoh, T., Sasaki, E., Nishitani, Y., and Osawa, R., 2006. Role of tannin-binding salivary proteins and tannase-producing bacteria in the acclimation of the Japanese wood mouse to acorn tannins. *Journal of Chemical Ecology*, 32: 1165-1180.
新谷 茂，1992．神戸シキミ集団中毒．中毒研究，5: 95-99.
Sih, A., and Christensen, B., 2001. Optimal diet theory: when does it work, and when and why does it fail? *Animal Behaviour*, 61: 379-390.
Soons, M. B., Brochet, A.-L., Kleyheeg, E., and Green, A. J., 2016. Seed dispersal by dabbling ducks: an overlooked dispersal pathway for a broad spectrum of plant species. *Journal of Ecology*, 104: 443-455.
Struempf, H. M., Schondube, J. E., and Del Rio, C. M., 1999. The cyanogenic glycoside amygdalin does not deter consumption of ripe fruit by cedar waxwings. *Auk*, 116: 749-758.
Suetsugu, K., Funaki, S., Takahashi, A., Ito, K., and Yokoyama, T., 2018. Potential role of bird predation in the dispersal of otherwise flightless stick insects.

中村浩志・輪湖義治，1988．コガラ *Parus montanus* の貯食行動．山階鳥類研究所研究報告，20: 21-36.
中村登流・中村雅彦，1995．原色日本鳥類生態図鑑<陸鳥編>．保育社，大阪.
中沢与四郎・岳中典男・酒井 潔・松永行雄・岡 武・貞松繁明・河野信助，1959．シキミ有毒成分の分離，含有量並に毒性の検討．日本薬理学雑誌，55: 524-530.
Nihei, Y., and Higuchi, H., 2001. When and where did crows learn to use automobiles as nutcrackers. *Tohoku Psychologica Folia*, 60: 93-97.
日本鳥学会，2012．日本鳥類目録 改訂第7版．日本鳥学会，三田.
日本野鳥の会神奈川支部，2002．20世紀神奈川の鳥 - 神奈川県鳥類目録 IV-．日本野鳥の会神奈川支部，横浜.
日本野鳥の会神奈川支部，2007．神奈川の鳥 2001-2005 - 神奈川県鳥類目録 V-．日本野鳥の会神奈川支部，横浜.
日本野鳥の会神奈川支部，2013．神奈川の鳥 2006-2010 - 神奈川県鳥類目録 VI-．日本野鳥の会神奈川支部，横浜.
Nogales, M., Padilla, D. P., Nieves, C., Illera, J. C., and Traveset, A., 2007. Secondary seed dispersal systems, frugivorous lizards and predatory birds in insular volcanic badlands. *Journal of Ecology*, 95: 1394-1403.
Okuyama, T., and Holland, J. N., 2008. Network structural properties mediate the stability of mutualistic communities. *Ecology Letters*, 11: 208-216.
Olesen, J. M., Bascompte, J., Dupont, Y. L., and Jordano, P., 2007. The modularity of pollination networks. *Proceedings of the National Academy of Sciences*, 104: 19891-19896.
Ollerton, J., Winfree, R., and Tarrant, S., 2011. How many flowering plants are pollinated by animals? *Oikos*, 120: 321-326.
Ortega-Olivencia, A., Rodríguez-Riaño, T., Valtuena, F. J., López, J., and Devesa, J. A., 2005. First confirmation of a native bird-pollinated plant in Europe. *Oikos*, 110: 578-590.
Osawa, N., 2000. Population field studies on the aphidophagous ladybird beetle *Harmonia axyridis* (Coleoptera: Coccinellidae): resource tracking and population characteristics. *Population Ecology*, 42: 115-127.
大谷達也，2005．液果の種子散布者としての中型哺乳類の特性 - おもにニホンザルを例として．名古屋大学森林科学研究，24: 7-43.
van der Pijl, L., 1982. Principles of dispersal in higher plants. Springer-Verlag, Berlin.
Reid, N., 1991. Coevolution of mistletoes and frugivorous birds? *Austral Ecology*, 16: 457-469.
Rey, P. J., Gutierrez, J. E., Alcantara, J., and Valera, F., 1997. Fruit size in wild

anisatin. *Journal of the American Chemical Society*, 74: 3211-3215.
Levey, D. J., 1987. Seed size and fruit-handling techniques of avian frugivores. *American Naturalist*, 129: 471-485.
Levey, D. J., and Benkman, C. W., 1999. Fruit-seed disperser interactions: timely insights from a long-term perspective. *Trends in Ecology and Evolution*, 14: 41-43.
Lotz, C. N., and Schondube, J. E., 2005. Sugar preferences in nectar- and fruit-eating birds: behavioral patterns and physiological causes. *Biotropica*, 38: 3-15.
Magnússon, B. hór, Magnússon, S. H., Ólafsson, E., and Sigurdsson, B. D., 2014. Plant colonization, succession and ecosystem development on Surtsey with reference to neighbouring islands. *Biogeosciences*, 11: 5521-5537.
Martinez del Rio, C., and Stevens, B. R., 1989. Physiological constraint on feeding behavior: intestinal membrane disaccharidases of the starling. *Science*, 243: 794-796.
丸山 栄，1975．弱いなわばり意識＜イカル＞．*In*: 羽田健三（編）．野鳥の生活．築地書館，東京．
正木 隆，2006．長期観測プロットの作り方と樹木の測り方．*In*: 種生物学会（編）．森林の生態学　長期大規模研究からみえるもの．文一総合出版，東京．
正木 隆，2009．日本における動物による種子散布の研究と今後の課題．日本生態学会誌，59: 13-24.
Matsubara, H., 2003. Comparative study of territoriality and habitat use in syntopic Jungle Crow (*Corvus macrorhynchos*) and Carrion Crow (*C. corone*). *Ornithological Science*, 2: 103-111.
松井哲哉・飯田滋生・河原孝行・並川寛司・平川浩文，2010．ブナ（*Fagus crenata*）自生北限域における種子散布距離推定のための晩秋期のヤマガラ（*Parus varius*）の行動圏推定．日本森林学会誌，92: 162-166.
水井憲雄，1993．落葉広葉樹の種子繁殖に関する生態学的研究．北海道林業試験場研究報告，30: 1-67.
持田 誠・谷村愛子・吉沼利晃，2003．北海道張碓海岸で採集されたアオバト *Sphenurus sieboldii* の消化器官内に見られた植物．森林野生動物研究会誌，29: 3-7.
モース，E., 1929．日本その日その日．石川欣一（訳）．科学知識普及会．東京．画像は青空文庫 (https://www.aozora.gr.jp/cards/001764/card55990.html) より（入力：荒木則子，校正：雪森・富田晶子）
Mougi, A., and Kondoh, M., 2012. Diversity of interaction types and ecological community stability. *Science*, 337: 349-351.

from the Biological Laboratory, Kyoto University, 27: 465-522
上條隆志，2017．伊豆諸島の植物の固有性と保全．*Mikurensis*，6: 40-46.
Kamijo, T., and Hashiba, K., 2003. Island ecosystem and vegetation dynamics before and after the 2000-year eruption on Miyake-Jima Island, Japan, with implications for conservation of the island's ecosystem. *Global Environment Research*, 7: 69-78.
Kaneoka, I., Isshiki, N., and Zashu, S., 1970. K-Ar ages of the Izu-Bonin Islands. *Geochemical Journal*, 4: 53-60.
叶内拓哉・浜口哲一，1991．野鳥．山と溪谷社，東京．
笠井献一，2013．科学者の卵たちに贈る言葉――江上不二夫が伝えたかったこと．岩波書店，東京．
Kawaguchi, H., Enoki, T., Kanzaki, M., and Sahunalu, P., 1995. Dispersal pattern and the amount of leaf from an individual tree in a dry forest. *In*: Elucidation of the Missing Sink in the Global Carbon-cycling. Osaka City University.
菊沢喜八郎，1995．植物の繁殖生態学．蒼樹書房，東京．
北村俊平，2009．サイチョウ：熱帯の森にタネをまく巨鳥．東海大学出版部，平塚．
Keng, H., 1993. Illiciaceae. Pages 344-347 Flowering Plants · Dicotyledons. Springer, Berlin, Heidelberg.
Koenig, W. D., and Knops, J. M. H., 2001. Seed-crop size and eruptions of North American boreal seed-eating birds. *Journal of Animal Ecology*, 70: 609-620.
小池伸介，2013．クマが樹に登ると．東海大学出版部，平塚．
小西正一，1994．小鳥はなぜ歌うのか．岩波書店，東京．
小山浩正，1998．種子異型性と発芽時期：メカニズムと適応的意義．日本生態学会誌，48:129-142.
小山幸子，2006．ヤマガラの芸：文化史と行動学の視点から．法政大学出版局．
Koyama, S., 2015. History of bird-keeping and the teaching of tricks using *Cyanistes varius* (varied tit) in Japan. *Archives of natural history*, 42: 211-225.
Kunitake, Y. K., Hasegawa, M., Miyashita, T., and Higuchi, H., 2004. Role of a seasonally specialist bird *Zosterops japonica* on pollen transfer and reproductive success of *Camellia japonica* in a temperate area. *Plant Species Biology*, 19: 197-201.
Kuriyama, T., Brandley, M. C., Katayama, A., Mori, A., Honda, M., and Hasegawa, M., 2011. A time-calibrated phylogenetic approach to assessing the phylogeography, colonization history and phenotypic evolution of snakes in the Japanese Izu Islands. *Journal of Biogeography*, 38: 259-271.
Lane, J. F., Koch, W. T., Leeds, N. S., and Gorin, G., 1952. On the toxin of *Illicium anisatum*. I. The isolation and characterization of a convulsant principle:

Hatakeyama, I., Murata, G., and Tabata, H., 1973. A list of plants in the Botanical Garden of Kyoto University and some ecological data. *Memoir of Faculty of Science, Kyoto University Series Biology*, 6: 91-148.

Heleno, R. H., Ross, G., Everard, A., Memmott, J., and Ramos, J. A., 2011. The role of avian 'seed predators' as seed dispersers. *Ibis*, 153: 199-203.

Herrera, C. M., 1995. Plant-vertebrate seed dispersal systems in the Mediterranean: ecological, evolutionary, and historical determinants. *Annual Review of Ecology and Systematics*, 26: 705-727.

Herrera, C. M., 1998. Long-term dynamics of Mediterranean frugivorous birds and fleshy fruits: a 12-year study. *Ecological Monographs*, 68: 511-538.

Higgins, S. I., Nathan, R., and Cain, M. L., 2003. Are long-distance dispersal events in plants usually caused by nonstandard means of dispersal? *Ecology*, 84: 1945-1956.

樋口広芳, 1975. 伊豆半島南部のヤマガラと伊豆諸島三宅島のヤマガラの採食習性に関する比較研究. 鳥, 24: 15-28.

Higuchi, H., 1977. Stored nuts *Castanopsis cuspidata* as a food resource of nestling varied tits *Parus varius*. *Tori*, 26: 9-12.

Hirsch, B. T., Kays, R., Pereira, V. E., and Jansen, P. A., 2012. Directed seed dispersal towards areas with low conspecific tree density by a scatter-hoarding rodent. *Ecology Letters*, 15: 1423-1429.

Inoue, K., and Amano, M., 1986. Evolution of *Campanula punctata* Lam. in the Izu Islands: changes of pollinators and evolution of breeding systems. *Plant Species Biology*, 1: 89-97.

石沢慈鳥・千羽晋示, 1966. 日本産ホトトギス科 4 種の食性. 山階鳥類研究所研究報告, 4: 302-326.

Jordano, P., 1987. Patterns of mutualistic interactions in pollination and seed dispersal: connectance, dependence asymmetries, and coevolution. *American Naturalist*, 129: 657-677.

Jordano, P., 1994. Spatial and temporal variation in the avian-frugivore assemblage of *Prunus mahaleb*: patterns and consequences. *Oikos*, 71: 479-491.

Jordano, P., 2000. Fruits and frugivory. Pages 125-166 *in* M. Fenner, editor. Seeds: the ecology of regeneration in plant communities. Second edition.

籠島恵介, 2011. 沖縄本島における *Ipomoea* 属 2 種の花に対するメジロの盗蜜行動. *Bird Research*, 7: S1-S4.

Kakutani, T., Inoue, T., Kato, M., and Ichihashi, H., 1990. Insect-flower relationship in the campus of Kyoto University, Kyoto: an overview of the flowering phenology and the seasonal pattern of insect visits. *Contributions* a winter-flowering fruit tree in central China. *Annals of Botany*, 109: 379-384.

Fujita, K., and Takahashi, T., 2009. Ecological role of the Great Tit *Parus major* as a seed disperser during winter. *Ornithological Science*, 8: 157-161.

Funamoto, D., and Sugiura, S., 2017. Japanese white-eyes (Aves: Zosteropidae) as potential pollinators of summer-flowering *Taxillus kaempferi* (Loranthaceae). *Journal of Natural History*, 51: 1649-1656.

Galetti, M., Guevara, R., Côrtes, M. C., Fadini, R., Matter, S. V., Leite, A. B., Labecca, F., Ribeiro, T., Carvalho, C. S., Collevatti, R. G., Pires, M. M., Guimarães, P. R., Brancalion, P. H., Ribeiro, M. C., and Jordano, P., 2013. Functional extinction of birds drives rapid evolutionary changes in seed size. *Science*, 340: 1086-1090.

Garamszegi, L. Z., and Eens, M., 2004. The evolution of hippocampus volume and brain size in relation to food hoarding in birds. *Ecology Letters*, 7: 1216-1224.

Gould, J., 1850-83. Birds of Asia, Vol. III, Painted by John Gould & Henry C. Richter. London. 画像は Wikimedia Commons(https://commons.wikimedia.org/) より.

Gould, J., 1855-60. Birds of Asia, Vol. II, Painted by John Gould & Henry C. Richter. London. 画像は Wikimedia Commons(https://commons.wikimedia.org/) より.

Gould, J., 1861. A monograph of the Trochilidae, or family of humming-birds Volume III. Published by author. London. 画像はWikimedia Commons(https://commons.wikimedia.org/) より.

Green, A. J., and Figuerola, J., 2005. Recent advances in the study of long-distance dispersal of aquatic invertebrates via birds. *Diversity and Distributions*, 11: 149-156.

Hadj-Chikh, L. Z., Steele, M. A., and Smallwood, P. D., 1996. Caching decisions by grey squirrels: a test of the handling time and perishability hypotheses. *Animal Behaviour*, 52: 941-948.

Hamao, S., 2013. Acoustic structure of songs in island populations of the Japanese bush warbler, *Cettia diphone*, in relation to sexual selection. *Journal of ethology*, 31: 9-15.

Hamao, S., Nishimatsu, K., and Kamito, T., 2009. Predation of bird nests by introduced Japanese Weasel *Mustela itatsi* on an island. *Ornithological Science*, 8: 139-146.

橋本啓史・上條隆志・樋口広芳，2002．伊豆諸島三宅島におけるヤマガラ *Parus varius* によるエゴノキ *Styrax japonica* の種子の利用と種子散布．日本鳥学会誌，51: 101-107.

Current Biology, 17: 341-346.

Brochet, A. L., Guillemain, M., Fritz, H., Gauthier-Clerc, M., and Green, A. J., 2010. Plant dispersal by teal (*Anas crecca*) in the Camargue: duck guts are more important than their feet. *Freshwater biology*, 55: 1262-1273.

Brodin, A., and Urhan, A. U., 2014. Interspecific observational memory in a non-caching *Parus* species, the great tit *Parus major. Behavioral Ecology and Sociobiology*, 68: 649-656.

Cain, M. L., Milligan, B. G., and Strand, A. E., 2000. Long-distance seed dispersal in plant populations. *American Journal of Botany*, 87: 1217-1227.

Catoni, C., Schaefer, H. M., and Peters, A., 2008. Fruit for health: the effect of flavonoids on humoral immune response and food selection in a frugivorous bird. *Functional Ecology*, 22: 649-654.

Cipollini, M. L., and Levey, D. J., 1997. Why are some fruits toxic? glycoalkaloids in *Solanum* and fruit choice by vertebrates. *Ecology*, 78: 782-798.

Clayton, N. S., Dally, J. M., and Emery, N. J., 2007. Social cognition by food-caching corvids. The western scrub-jay as a natural psychologist. *Philosophical Transactions of the Royal Society of London B: Biological Sciences*, 362: 507-522.

Clayton, N. S., and Dickinson, A., 1998. Episodic-like memory during cache recovery by scrub jays. *Nature*, 395: 272-274.

Clayton, N. S., and Krebs, J. R., 1994. Memory for spatial and object-specific cues in food-storing and non-storing birds. *Journal of Comparative Physiology A*, 174: 371-379.

Corlett, R. T., and Westcott, D. A., 2013. Will plant movements keep up with climate change? *Trends in Ecology & Evolution*, 28: 482-488.

Cronk, Q., and Ojeda, I., 2008. Bird-pollinated flowers in an evolutionary and molecular context. *Journal of Experimental Botany*, 59: 715-727.

ダーウィン，C.，1990. 種の起源＜下＞．八杉龍一（訳）岩波書店，東京．

Dormann, C. F., Fründ, J., Blüthgen, N., and Gruber, B., 2009. Indices, graphs and null models: analyzing bipartite ecological networks. *Open Ecology Journal*, 2: 7-24.

Dresser, H. E., Keulemans, J. G., Neale, E., Sharpe, R. B., Thorburn, A., and Wolf, J., 1871-1881. A history of the birds of Europe: including all the species inhabiting the western palaearctic region. Vol. VII. Published by the authors. London. 画像は Internet Archive(https://archive.org/) より

Ehrlén, J., and Eriksson, O., 1993. Toxicity in fleshy fruits: A non-adaptive trait? *Oikos*, 66: 107-113.

Fang, Q., Chen, Y.-Z., and Huang, S.-Q., 2012. Generalist passerine pollination of

引用文献

Abe, H., and Hasegawa, M., 2008. Impact of volcanic activity on a plant-pollinator module in an island ecosystem: the example of the association of *Camellia japonica* and *Zosterops japonica*. *Ecological Research*, 23: 141-150.

安部琢哉，1971．草地に生息する 4 種アリ間の食物分配について：I 食物とその採集行動．日本生態学会誌，20: 219-230.

Amano, T., Smithers, R. J., Sparks, T. H., and Sutherland, W. J., 2010. A 250-year index of first flowering dates and its response to temperature changes. *Proceedings of the Royal Society B*.

Aono, Y., and Kazui, K., 2008. Phenological data series of cherry tree flowering in Kyoto, Japan, and its application to reconstruction of springtime temperatures since the 9th century. *International Journal of Climatology: A Journal of the Royal Meteorological Society*, 28: 905-914.

青山怜史・須藤 翼・柿崎洸佑・三上 修，2017．オニグルミの種子の重さによる割れやすさ：ハシボソガラスは，どんな重さのクルミを投下すべきか．日本鳥学会誌，66: 11-18.

Aoyama, Y., Kawakami, K., and Chiba, S., 2012. Seabirds as adhesive seed dispersers of alien and native plants in the oceanic Ogasawara Islands, Japan. *Biodiversity and Conservation*, 21: 2787-2801.

Baldwin, J. W., and Whitehead, S. R., 2015. Fruit secondary compounds mediate the retention time of seeds in the guts of Neotropical fruit bats. *Oecologia*, 177: 453-466.

バラバシ，A. L.，2002．新ネットワーク思考―世界のしくみを読み解く．青木 薫訳．NHK 出版，東京．

Barabási, A.-L., and Albert, R., 1999. Emergence of scaling in random networks. *Science*, 286: 509-512.

Bascompte, J., and Jordano, P., 2007. Plant-animal mutualistic networks: the architecture of biodiversity. *Annual Review of Ecology, Evolution, and Systematics*, 38: 567-593.

Bascompte, J., Jordano, P., Melián, C. J., and Olesen, J. M., 2003. The nested assembly of plant-animal mutualistic networks. *Proceedings of the National Academy of Sciences of the United States of America*, 100: 9383-9387.

Blüthgen, N., Fründ, J., Vázquez, D. P., and Menzel, F., 2008. What do interaction network metrics tell us about specialization and biological traits. *Ecology*, 89: 3387-3399.

Blüthgen, N., Menzel, F., Hovestadt, T., Fiala, B., and Blüthgen, N., 2007. Specialization, constraints, and conflicting interests in mutualistic networks.

著者紹介

吉川 徹朗（よしかわ　てつろう）

1980年生まれ

京都大学大学院 農学研究科 博士課程修了　博士（農学）

東京大学大学院農学生命科学研究科特任研究員，日本学術振興会特別研究員 PD などを経て，2018年4月より国立環境研究所・生物・生態系環境研究センター特別研究員

装丁　中野達彦
カバーイラスト　北村公司

フィールドの生物学《せいぶつがく》㉕

揺《ゆ》れうごく鳥《とり》と樹々《きぎ》のつながり

―裏庭《うらにわ》と書庫《しょこ》からはじめる生態学《せいたいがく》

2019 年 3 月 20 日　第 1 版第 1 刷発行

著　者　吉川徹朗
発行者　浅野清彦
発行所　東海大学出版部
〒 259-1292　神奈川県平塚市北金目 4-1-1
TEL 0463-58-7811　FAX 0463-58-7833
URL http://www.press.tokai.ac.jp
振替 00100-5-46614
組　版　新井千鶴
印刷所　株式会社真興社
製本所　誠製本株式会社

ISBN978-4-486-02160-5